Vohns · Grundlegende Ideen und Mathematikunterricht

Grundlegende Ideen und Mathematikunterricht

Entwicklung und Perspektiven einer fachdidaktischen Kategorie

Andreas Vohns

Dissertation zur Erlangung des Grades eines Doktors der Pädagogik, vorgelegt dem Fachbereich Mathematik der Universität Siegen.

Datum der mündlichen Prüfung: 31.10.2007

Der zu dieser Arbeit gehörende Anhang ist über den Dokumentenserver der Universitätsbibliothek Siegen im Internet zugänglich unter: http://dokumentix.ub.uni-siegen.de/opus/

Bibliografische Information der Deutschen Nationalbibliothek
Die Deutsche Nationalbibliothek verzeichnet diese Publikation in der Deutschen Nationalbibliografie; detaillierte bibliografische Daten sind im Internet über http://dnb.d-nb.de abrufbar.

ISBN 978-3-8334-9063-7

© 2007 Andreas Vohns
Satz: KOMA-Script und LATEX
Herstellung und Verlag: Books on Demand GmbH, Norderstedt.

Umschlagabbildung: Die Geometrie unterrichtet ihre Schüler.
Illustration aus Euklids Elementen in der Übersetzung von Adelard von Bath (14. Jahrhundert). Public Domain, Quelle: http://wikimedia.org.

Education is the acquisition of the art of the utilization of knowledge.
This is an art very difficult to impart. [...]
The difficulty is just this: The apprehension of general ideas,
intellectual habits of mind, and pleasurable interest in mental achievement
can be evoked by no form of words, however accurately adjusted.

ALFRED N. WHITEHEAD (The Aims of Education)

Danksagungen

Neben meinem Betreuer – Prof. Dr. Rainer Danckwerts – habe ich für zahlreiche produktive, erhellende und zugleich angenehme Diskussionen zu verschiedenen Teilen der Arbeit und anderer Arbeiten, die ihr voran gingen, vor allem meinen Kolleginnen und Kollegen Prof. Dr. Hans Brügelmann, Prof. Dr. Katja Lengnink, Dr. Wolfram Meyerhöfer und Dr. Franziska Siebel zu danken, sowie allgemein für forschungsmethodische Anregungen allen Mitgliedern der Forschungsstelle Lehr-Lern- Forschung der Universität Siegen.

Für die gewissenhafte Durchsicht des Manuskripts danke ich Udo Hagedorn, Dorothee Maczey, Pia Peters, Verena Stamm und Michaela Schulte. Jeder noch enthaltene Fehler ist einzig dem Autor selbst anzulasten.

Siegen, im November 2007
Andreas Vohns

Inhaltsverzeichnis

Einleitung

Von jedem anderen Fach hat ein Schüler am Ende der Schulzeit wenigstens eine Idee –
sogar von Jura oder Wirtschaftswissenschaften, die gar nicht im Lehrplan vorkommen.
Nur bei Mathematik kommt der Schulunterricht nicht einmal in die Nähe dessen, was
das Fach wirklich ist.

Albrecht Beutelspacher (SPIEGEL 50/2004, S. 191f.)

Die Suche nach grundlegenden Ideen, die das mathematische Denken
und Arbeiten auszeichnen, hat in der Mathematikdidaktik eine lange
Tradition. Umso erstaunlicher scheint zunächst das einführende Zitat
von BEUTELSPACHER, dem kaum jemand widersprechen wird, der sich
mit dem derzeitigen Mathematikunterricht beschäftigt. So schlicht und
einleuchtend die Forderung auf den ersten Blick ist, dass Schülerinnen
und Schüler[1] am Ende ihrer Schulzeit über eine Idee dessen verfügen
mögen, was Mathematik eigentlich ist, so schwierig hat sich die Umsetzung dieser Forderung im Mathematikunterricht erwiesen. Vor gut
vierzig Jahren wurde von BRUNER vorgeschlagen, den Mathematikunterricht an einigen ausgewählten fundamentalen Ideen auszurichten,
die charakteristisch für die Mathematik und ihre Bedeutung für die Gesellschaft sind. Bereits davor und immer wieder danach haben sich regelmäßig Mathematiker, Mathematikdidaktiker, Lehrplangestalter und
Erziehungswissenschaftler mit dem von BEUTELSPACHER angesprochenen Problem befasst.

Wenn ich mich in dieser Arbeit mit grundlegenden Ideen auseinander-
setze, so kann das Ziel sicher nicht sein, alle offenen Fragen zu klären,
die sich in ihrer langen Entwicklungsgeschichte im Umfeld dieser mathematikdidaktischen Kategorie gestellt haben. Ich werde sie statt dessen in erster Linie als stoffdidaktisches Analyseelement für Zugänge
und Aufgaben zu mathematischen Themengebieten begreifen. Indem
ich das Potenzial grundlegender Ideen für eine Orientierung bei der
Gestaltung und konkreten Umsetzung von Lehr- und Lernprozessen

---

[1] Im Rahmen dieser Arbeit wird weitgehend versucht, beide Geschlechter in den Formulierungen zu berücksichtigen. Dort wo es zu erheblichen Einbußen in der Lesbar-
keit führt wird aber im Sinne eines unverkrampften Umgangs mit diesem sprachlichen Problem nur ein Geschlecht genannt werden. An allen diesen Stellen ist dabei
stets auch an das andere Geschlecht gedacht.

auslote, möchte ich einen ersten Beitrag leisten, dieses alte mathematikdidaktische Konzept unterrichtlich wirksam zu machen.

Im ersten Kapitel mache ich es mir zur Aufgabe, die ideengeschichtliche und mathematikdidaktische Entwicklung des Konzepts der ‚Orientierung an grundlegenden Ideen' ausgehend von historischen Vorläufern (Meraner Reform, WHITEHEAD) bis hin zu jüngsten Entwicklungen in der Curriculumrevision (Bildungsstandards) in ihren entscheidenden Stadien genau zu rekonstruieren. Dabei wird auf die einschlägige Arbeit von SCHWEIGER 1992 und eigene Vorarbeiten zurückgegriffen, wobei im Unterschied zu SCHWEIGER die begleitenden bildungstheoretischen, bildungspolitischen und gesamtgesellschaftlichen Rahmenbedingungen stärkere Beachtung finden.

Das Kapitel kumuliert in der These, dass die Orientierung an grundlegenden Ideen einen im Kern normativen Anspruch formuliert, der erst durch die Berücksichtigung der teleologischen und genetischen Aspekte mathematischen Denkens und Arbeitens bei der Gestaltung des Mathematikunterrichts sinnvoll eingelöst werden kann.

Ich verstehe grundlegende Ideen insofern als Kategorie einer normativen Stoffdidaktik, deren ambivalente Position im Rahmen der mathematikdidaktischen Forschungsparadigmen eine eingehende Reflexion der Stoffdidaktik nötig macht. Dem wird auf zweierlei Weise Rechnung getragen: Die Orientierung an grundlegenden Ideen werde ich im Rahmen dieser Arbeit in erster Linie als Orientierung des analytischen Zugriffs auf grundlegende Ideen verstehen und erst in zweiter Linie als Orientierung von Unterrichtsprozessen auf grundlegende Ideen. Zudem wird das zentrale Analyseverfahren der Stoffdidaktik, die didaktisch orientierte Sachanalyse, in ihrer traditionell angelegten Begrenztheit kritisch gewürdigt und Ansätze zur Öffnung und Komplementarisierung durch qualitativ empirische Forschungsparadigmen diskutiert. Ihren Niederschlag finden diese methodologischen Überlegungen in der Konzeption grundlegender Ideen als Metakonzepte, denen lokale Subkonzepte zugeordnet sind. Diese Subkonzepte werden den eigentlichen Untersuchungsfokus bilden. Hierin sehe ich auch den wesentlichen Beitrag meiner Arbeit zur begrifflichen Weiterentwicklung grundlegender Ideen.

Auf der Basis der begrifflichen Klärungen des zweiten Kapitels werden schließlich unterschiedliche Perspektiven des analytischen Einsatzes grundlegender Ideen exemplarisch aufgezeigt (Kapitel 3). Die Arbeit schließt mit einem Ausblick auf weiterführende Forschungsfragen.

Kapitel 1

Grundlegende Ideen im geistesgeschichtlichen und mathematikdidaktischen Überblick

1.1 Vorbemerkungen
Eine Arbeitsdefinition grundlegender Ideen

Wenn im Folgenden von ‚grundlegenden Ideen' oder der ‚Orientierung an grundlegenden Ideen' (als pragmatischem Oberbegriff) gesprochen wird, so umfasst dieser Terminus eine bunte Mischung unterschiedlich stark ausdifferenzierter fachdidaktischer und curriculumtheoretischer Konzepte.

Ihre Gemeinsamkeit lässt sich vorab anhand gemeinsamer Intentionen charakterisieren, die – wenn auch in verschiedenen Ansätzen unterschiedlich stark ausgeprägt – typisch für grundlegende Ideen sind. Dabei sind zunächst zwei Zielvorstellungen zu unterscheiden:

- Grundlegende Ideen sollen helfen, das Curriculumproblem zu lösen, d.h. mit ihrer Hilfe soll eine begründete bzw. begründbare Auswahl mathematischer Inhalte erfolgen können[1].

- Grundlegende Ideen sollen Akzente für den Unterricht setzen. Sie können ihrerseits selbst zum Unterrichtsgegenstand werden oder jedenfalls sollen sie – gleichsam aus dem Hintergrund – gewisse Akzentuierungen des Unterrichts bewirken[2], die Inhalte in neuem Licht erscheinen lassen und „beweglicher und zugleich durchsichtiger"[3] machen.

Offenbar sind grundlegende Ideen – ohne dass bislang genauer gesagt wurde, was sie eigentlich sind – etwas Bedeutsames. Welche andere Rechtfertigung gäbe es sonst, Unterrichtsinhalte mit ihrer Hilfe auszuwählen bzw. den Unterricht mit Verweis auf sie zu gestalten? Die Be-

---

[1] Vgl. Führer 1997, S. 81 ff
[2] Vgl. Vollrath 2000, S. 34
[3] Schweiger 1992, S. 207

1

deutsamkeit grundlegender Ideen wird in den im folgenden Kapitel betrachteten Konzepten – wiederum mit unterschiedlichen Schwerpunktsetzungen – in drei Richtungen entfaltet:

- Grundlegende Ideen sind *mathematisch* bedeutsam. Sie zeigen typische Züge der Mathematik auf und geben partiell Aufschluss über Struktur und Zusammenhänge der fachlichen Inhalte, d.h. sie helfen eine gewisse Beweglichkeit im Stoff zu erhalten und zu erkennen, was zentral ist, was womit und wie zusammenhängt.

- Grundlegende Ideen sind *bildungstheoretisch* bedeutsam. Sie bauen eine Brücke zwischen fachlichen Inhalten und allgemeinen Bildungszielen einerseits und zwischen mathematischen und außermathematischen (lebensweltlichen) Sachverhalten, Denk- und Arbeitsweisen andererseits. Sie können in Teilen Aufschluss über mögliche Bildungswirkungen geben, d.h. sie können helfen, den Bildungsauftrag des Faches inhaltsbezogen zu konkretisieren und gleichzeitig die bildungstheoretische Legitimität bestimmter Inhalte kritisch zu hinterfragen.

- Grundlegende Ideen sind *pragmatisch* bedeutsam, d.h. sie geben Aufschluss über Aspekte der Lernbarkeit von Mathematik. Eine Orientierung bzw. Akzentuierung bestimmter Unterrichtsphasen im Lichte bzw. unter expliziter Thematisierung grundlegender Ideen soll helfen, die Unterrichtsgegenstände fassbarer werden zu lassen. Grundlegende Ideen sollen „echte Hilfen"[4] für die Lernenden werden, d.h. es besteht die Erwartung, dass die Konzepte ‚aufschlussreich' sind, dass sie helfen, mathematische Probleme unterschiedlicher Niveaus besser zu durchschauen[5]. Als Strukturierungshilfe sollen sie das Wissen besser behaltbar, flexibler anwendbar und leichter transferierbar machen.

Für diese Ideen sind im Laufe ihrer Geschichte unterschiedliche Präfixe benutzt worden. Der bekannteste Terminus ist der der ‚fundamentalen Idee', geläufig sind aber auch die Bezeichnungen ‚zentrale Ideen', ‚universelle Ideen', ‚Grundideen' und ‚Leitideen'. Verschiedene Autoren, die dieselbe Bezeichnung wählen, beziehen sich damit nicht zwangsläufig auf dasselbe Konzept. Ebenso wenig eindeutig ist, was sich die jeweiligen Autoren unter einer Idee vorstellen bzw. was sie als Idee bezeichnen. Mindestens findet man ein Spektrum von relativ klar umrissenen

---

[4] Klika 2003, S.4
[5] Vgl. Führer 1997, S. 84

Begriffen (Menge, Zahl, Funktion, Algorithmus) über typische Tätigkeiten und Prozesse (Modellieren, Optimieren, (räumliches) Strukturieren, Messen, Abstraktion, Repräsentation, Linearisierung, Approximation, Induktion) bis hin zu wichtigen Eigenschaften (Symmetrie, Optimalität, Invarianz). Die Grenzen zwischen dem, was in der Mathematikdidaktik als grundlegende Idee aufgefasst oder bezeichnet wird, sind fließend einerseits in Richtung konkreter Inhalte des Curriculums (z.B. Funktionsbegriff), andererseits in Richtung dessen, was gemeinhin eher unter der Überschrift „allgemeine Lernziele des Mathematikunterrichts"[6] diskutiert wird (Argumentieren, Variieren, Mathematisieren, Strukturieren, Klassifizieren, Ordnen, Analogisieren, etc.).

Was (und was nicht) unter der Überschrift ‚grundlegende/ fundamentale/ zentrale/ universelle Idee' in der Fachdidaktik diskutiert wird, ist zum Teil eher historisch als inhaltlich bedingt. Zur inhaltlichen Abgrenzung kann man nur relativ vage festhalten, dass grundlegende Ideen im allgemeinen den fachlichen Inhalten näher sind als das, was unter dem Stichwort ‚allgemeine Lernziele' diskutiert wird. Mit grundlegenden Ideen meint man typische Begriffe, Verfahrensweisen und Eigenschaften, die zwar in unterschiedlichen mathematischen Teilgebieten auftauchen, aber in der Regel nicht so unabhängig von den konkreten Inhalten sind wie allgemeine Lernziele oder allgemeine übergreifende Tätigkeiten (etwa Beweisen, Formalisieren, Strukturieren, Klassifizieren).

Diese Vorüberlegungen sollen zunächst ausreichen. Wir haben eine grobe Vorstellung davon gewonnen, was in der Mathematikdidaktik unter dem Oberbegriff ‚grundlegende Ideen' diskutiert wird. In einer vorläufigen Arbeitsdefinition können wir zusammenfassen:

> Eine grundlegende Idee ist mathematisch, bildungstheoretisch und pragmatisch bedeutsam, d.h. sie gibt partiell Aufschluss über Strukturen und Zusammenhänge innerhalb der Mathematik, zwischen Mathematik und dem ‚Rest der Welt', zwischen Mathematik und ihren möglichen oder gewünschten Bildungswirkungen, zwischen mathematischen Inhalten und ihrer Lernbarkeit.

Im Folgenden wird die geistesgeschichtliche und mathematikdidaktische Entwicklung grundlegender Ideen anhand ausgewählter Konzepte nachgezeichnet. Die Darstellung erhebt keinen Anspruch auf Vollständigkeit. Die betrachteten Konzepte sind einerseits ausgewählt wor-

---

[6] Vgl. Winter 1975

den, da sie für die oben dargestellten charakteristischen Intentionen und Aspekte grundlegender Ideen bzw. einer Orientierung an grundlegenden Ideen als fachdidaktischem Prinzip jeweils zentrale Beiträge leisten. Andererseits sind sie auch charakteristische Beispiele, an denen sich die bislang noch nicht zur Sprache gekommenen Probleme der Implementation grundlegender Ideen aufzeigen lassen, d.h. die Probleme des Übergangs von der bloßen Identifikation und Diskussion möglicher grundlegender Ideen zur konkreten Orientierung an grundlegenden Ideen im Mathematikunterricht.

Bei den einzelnen Konzepten ist es für ein tieferes Verständnis in unterschiedlichem Maße erforderlich, bildungstheoretische, bildungspolitische und allgemeine zeitgeschichtliche Hintergründe darzustellen. Besonders ausführlich geschieht dies bei den Konzepten, die in Zusammenhang mit größeren Bildungsreformbemühungen stehen (Abschnitte 1.2, 1.4 und 1.8).

1.2 Idee und Begriff (Klein)

Von der Erziehung zum funktionalen Denken zur Etablierung des Funktionsbegriffs

Grundlegende Ideen als Ansatz zur Lösung des Curriculumproblems sind bedeutend älter als der meist auf BRUNER zurückgeführte Begriff der ‚fundamentalen Idee‘. In besonders dringlicher Weise stellte sich das Curriculumproblem Ende des 19. Jahrhunderts den höheren Schulen. Im Zuge der Meraner Reformen begegnete man ihm mit einem Ansatz, der typische Elemente dessen enthält, was BRUNER gut sechzig Jahre später unter der Überschrift ‚fundamentale Ideen‘ diskutieren wird. Bei näherer Betrachtung sind sogar die Probleme, die zur Umgestaltung des Mathematikunterrichts in diesen beiden Phasen geführt haben und die Probleme, die umgekehrt aus ihr hervorgingen, durchaus ähnlich. Doch zurück zu den Meraner Reformen. Vor welchem gesellschaftlichen und bildungspolitischen bzw. bildungstheoretischen Hintergrund fanden diese statt?

Hintergründe

Der Anfang des 20. Jahrhunderts markiert einen Wendepunkt in der Entwicklung des Bildungswesens: Die Bildungsvorstellungen des 19. Jahrhunderts scheinen zunehmend überholt, einerseits ob der scharfen

Kritik des geistlosen Enzyklopädismus, der Vielwisserei, wie sie u.a. NIETZSCHE geißelt, andererseits ob moderner Gegenentwürfe, die zunehmend eine kulturelle Bedeutung der technisch-naturwissenschaftlichen und mathematischen Wissenschaften postulieren[1]. Auf der Ebene des Bildungssystems ist es die Zusammenführung des klassischen humanistischen Gymnasiums mit seinen formal-bildenden Prinzipien mit den realistischen Gymnasien und ihren materialen Bildungsprinzipien, die eine Neubestimmung mathematischer Bildung herausfordert[2]. Mit der Einrichtung der neuhumanistischen Gymnasien im Laufe des 19. Jahrhunderts unter WOLF, HUMBOLDT und SÜVERN wurde die Mathematik unter strikt formalbildenden Gesichtspunkten in den Bildungskanon aufgenommen und war dort „nahezu als einziges Fach ein ernsthaftes Gegengewicht zu der im übrigen reinen Sprachorientierung"[3]. Bildung war dabei „notwendig mit Wissenschaftlichkeit verknüpft"[4], das „Wissen im Sinne der Wissenschaft"[5] der eigentliche Sinn der Bildung. Dabei wurde das Ziel mathematischer Bildung im Wesentlichen in der Schulung logischen Denkens gesehen.

Die strikte Wissenschaftsorientierung und die recht vage formulierte Zielvorstellung führten zum großen Dilemma der mathematischen Bildung: Es gab prinzipiell keine Kriterien der Stoffauswahl, was im Laufe des 19. Jahrhunderts dazu führte, „dass die deutsche höhere Schule [...] sich immer stärker am Geist und am Inhalt der modernen Einzelwissenschaften orientierte; damit begann ein hoffnungsloser Wettlauf mit der immer schnelleren Entwicklung, vor allem aber wuchs die Tendenz, die zunehmenden Inhalte dozierend und in Form geraffter Überblicke den Schülern zu übermitteln"[6].

Diese Tendenzen wirkten sich auch auf die anderen Schulformen aus. An den realistischen Gymnasien kam es zum offenen Widerspruch der Realschultraditionen einerseits, für die „im Hinblick auf eine geeignete Berufsvorbereitung für den technischen oder gewerblichen Bereich das Materialbildungsprinzip konstitutiv"[7] war, und der „Konkurrenzsituation zu den traditionellen humanistischen Gymnasien" andererseits, die eine „Anpassung an das Ideal der formalen Geistesbildung"[8] erforder-

---

[1] Vgl. Krüger 1999, S. 31ff
[2] Vgl. a.a.O., S. 79ff
[3] Lenne 1969, S. 39
[4] A.a.O., S. 38
[5] Claus 1995, S. 154
[6] Klafki 1963a, S. 29
[7] Krüger 1999, S. 79
[8] A.a.O.

te. Das Formalbildungsprinzip war nicht in der Lage, das Curriculumproblem zu lösen und wurde zunehmend durch das Materialbildungsprinzip herausgefordert.

Hatte man sich im Mathematikunterricht lange Zeit damit zufrieden gegeben, die Auswahl der Inhalte durch Rückgriff auf das „Klassische"[9] (etwa EUKLIDs „Elemente") zu lösen, so geriet dieser Ansatz zunehmend in Frage. Die fortschreitende Technisierung und Mechanisierung von Arbeits- und Lebenswelt sowie die Fortschritte der Mathematik auf den Gebieten der Analysis und Linearen Algebra ließen eine Neubestimmung der in der Schule zu vermittelnden Mathematik sowohl unter materialbildenden Gründen wie auch unter dem Aspekt der angemessenen Berücksichtigung des wissenschaftlichen Wissens gerechtfertigt erscheinen.

Es bedurfte also eines neuen Auswahlkriteriums, welches sowohl die Aufnahme neuer Inhalte als auch die Raffung, Konzentration und Akzentuierung der alten Inhalte erlaubte und beides in Beziehung zur allgemeinen Veränderung der gesellschaftlichen Rahmenbedingungen setzte.

Ansprüche und Zielsetzung der Reformen

Das Kernelement der Meraner Reformen ist die Ablösung des Anspruchs mathematischer Bildung und Erziehung als genereller Schule des (logischen) Denkens durch die Konzentration auf zwei spezifische „Sonderaufgaben", welche die Mathematik im Rahmen der Denkschulung übernimmt, wie GUTZMER es formuliert. Er führt aus:

> „Einmal gilt es [...] den Lehrgang mehr als bisher dem natürlichen Gange der geistigen Entwicklung anzupassen, überall an den vorhandenen Vorstellungskreis anzuknüpfen, die neuen Erkenntnisse mit vorhandenem Wissen in organische Verbindung zu setzen, endlich den Zusammenhang des Wissens in sich und mit dem übrigen Bildungsstoff der Schule von Stufe zu Stufe mehr und mehr zu einem bewussten zu machen. Ferner wird es sich darum handeln, unter voller Anerkennung des formalen Bildungswertes der Mathematik doch auf alle einseitigen und praktisch bedeutungslosen Spezialkenntnisse zu verzichten, dagegen die Fähigkeit zur mathematischen Betrachtung der uns umgebenden Erscheinungswelt zu möglicher Entwicklung zu bringen. Von hier aus entspringen zwei Sonderaufgaben: die Stärkung des räumlichen Anschau-

---

[9] Vgl. Klafki 1963a, S. 30f

ungsvermögens und die Erziehung zur Gewohnheit des funktionalen Denkens"[10]

GUTZMER bezweifelt zwar nicht den formalen Bildungswert der Mathematik, sieht aber die Gefahr, dass das mathematische Wissen „praktisch bedeutungslos" werden kann, wenn es nicht in sich als organische Einheit begriffen und nicht in „organische Verbindung" zum übrigen Schulstoff gesetzt werden kann. Dazu muss Mathematik seines Erachtens stärker auch zur „Betrachtung der uns umgebenden Erscheinungswelt genutzt" werden und er nennt zwei grundlegende Ideen, die eben dies ermöglichen:

-   die Stärkung des räumlichen Anschauungsvermögens und

-   die Erziehung zur Gewohnheit des funktionalen Denkens.

Die Erziehung zur Gewohnheit des funktionalen Denkens ist dabei ohne Frage diejenige „Sonderaufgabe", welche die Meraner Reformer, insbesondere FELIX KLEIN, am stärksten umtrieb und die in ihren Auswirkungen bis in die Phase der Restauration des Bildungswesens nach dem zweiten Weltkrieg hinein nachwirkte. Die herausragende Bedeutung des funktionalen Denkens als organisierendes Prinzip wird deutlich, wenn wir sie in Beziehung zu den in Abschnitt 1.1 genannten Bedeutsamkeitsmomenten setzen:

-   Der Erziehung zum funktionalen Denken liegen die Begriffe Funktion und Abbildung zu Grunde, die für die Entwicklung der Mathematik des 19. Jahrhunderts eine zentrale Rolle spielen und ohne die eine Aufnahme moderner Gebiete (Analysis, Lineare Algebra) in das mathematische Curriculum geradezu unmöglich erscheint.

-   Gleichzeitig stellt funktionales Denken im Sinne der Meraner Reform eine Probe mathematischen Denkens dar, die typisch für die Mathematik an sich, aber auch und gerade für ihre Anwendungen ist. Funktionales Denken ist eine charakteristische Form mathematischen Denkens par excellence, charakteristisch für die Bedeutung von Mathematik als Bildungsgrundlage.

-   Zudem intendieren die Meraner Reformer mit der Erziehung zum funktionalen Denken eine Restrukturierung des bisherigen Bildungskanons. Das systematische Studium der Auswirkung der Veränderung gegebener Situationen und Figurationen soll eine

---

[10] Gutzmer 1905, zitiert nach Führer 1997, S. 87

tiefere Einsicht in die mathematischen Zusammenhänge erlauben und einer Isolation einzelner Lerninhalte vorbeugen.

Betrachten wir als Beispiel die Geometrie: In der Vorstellung der Reformer äußert sich funktionales Denken hier in einer Haltung, die geometrischen Figuren nicht lediglich als starre Bilder aufzufassen, sondern als ineinander übergehende, „fließende" Figuren[11]. Dabei ging es nicht einfach um die Betrachtung von Kongruenz- und Ähnlichkeitsabbildungen, sondern um die gezielte Variation von ‚Figurenstücken', wie Punkten, Winkeln und Seiten, deren Auswirkung auf die Variation der Gesamtfigur betrachtet wurde[12]. KRÜGER nennt als Beispiele auf der Mittelstufe die „Gestaltänderung der Vierecke", die Betrachtung von Flächenverwandlungen (z.B. Scherungen) und „dynamische"[13] Beweise zum Satz des Pythagoras. Allgemein wurden stetige Veränderungen geometrischer Figuren betrachtet und ein besonderes Augenmerk auf Grenz- und Übergangsfälle gelegt, die gewissermaßen als Propädeutik für infinitesimale Überlegungen auf der Oberstufe dienen sollten.

KLEIN erhoffte sich von derartigen Betrachtungen auch einen anderen Umgang mit dem mathematischen Wissen. Mathematikunterricht sollte *genetisch* organisiert sein, d.h. er sollte Begriffe und Verfahren nicht ausschließlich als gegebene Fertigprodukte in den Unterricht einführen, sondern Momente und Motive ihrer historischen Entwicklung aufgreifen und durchschaubar werden lassen[14].

Scheitern der Reformen

In diesem Punkt allerdings scheiterte die Meraner Reform: Wurde funktionales Denken ursprünglich von den Reformern im Sinne einer Wahrnehmungs- und Analysebereitschaft verstanden – als ein Blick auf die Erfassung der Regelhaftigkeit durchgängig quantifizierbarer Abhängigkeitsverhältnisse von Zahlen und Figuren – so verkümmerte sie im Zuge der Umsetzung zur Einführung *des* Funktionsbegriffs in der Algebra und *des* Abbildungsbegriffs in der Geometrie[15]. Die Einführung dieser Begriffe leistete zwar die nötige Propädeutik, um sich in den höheren Klassen mit der Analysis zu beschäftigen, damit wurde aber das Cur-

---

[11] Krüger 1999, S. 193. Heute würden wir wohl von dynamischen Figuren sprechen.
[12] Vgl. a.a.O.
[13] A.a.O.
[14] Vgl. Führer 1997, S. 52f
[15] Vgl. Krüger 1999, S. 302

riculumproblem nicht gelöst, sondern tendenziell eher verschärft, denn die Stofffülle erhöhte sich mit der Einführung dieser Themen erneut.

Ohne den folgenden Abschnitten zu weit vorzugreifen, kann festgehalten werden, dass die Reduktion grundlegender Ideen auf die Integration ihnen zu Grunde liegender Begriffe ein Kernproblem der Orientierung an grundlegenden Ideen darstellt. Das Problem liegt schon deshalb nahe, da diese Form der Aufnahme grundlegender Ideen in das Curriculum die greifbarste Form ist: Zum einen ist es weitaus aufwändiger, etwas Gegebenes auf eine erkenntnisleitende Idee hin neu zu durchdenken und zu restrukturieren, als einen neuen Begriff additiv dem Bestehenden hinzuzufügen. Zum anderen ist Letzteres auch einfacher nachzuweisen, gewissermaßen „abzuhaken", der Reform scheint mit Aufnahme des neuen Inhalts in das Curriculum genüge getan. Schließlich ist eine Umstellung, die neue Inhalte propagiert, einfacher zu vermitteln als eine, die eine neue Sicht auf Bekanntes verlangt; auf etwas, an dessen Behandlung man sich in der Regel gewöhnt hat und das man nur bedingt in Frage zu stellen bereit ist[16].

1.3 Ideen und Denken (Whitehead)

Von großen Ideen und der Beziehung zwischen mathematischem und alltäglichem Denken

Nahezu parallel zu den Überlegungen der Meraner Reform beschäftigte sich ALFRED NORTH WHITEHEAD, englischer Mathematiker, Logiker, Physiker und Philosoph, mit dem Curriculumproblem des Mathematikunterrichts und Ansätzen zu seiner Lösung.

In der 1913 vor der Londoner Abteilung der Mathematical Association gehaltenen Ansprache „The Mathematical Curriculum" formuliert er das seiner Meinung nach bedeutendste Problem des Mathematikunterrichts wie folgt: „Die Schüler stehen ratlos vor einer Unmenge von Einzelheiten, die weder zu großen Ideen noch zu alltäglichem Denken eine Beziehung erkennen lassen"[1]. WHITEHEAD arbeitet damit ein Problem der Mathematik heraus, das auch heute noch unvermindert aktuell ist: Aufgrund des abstrakten Charakters erscheint das mathematische Wissen vielen Nicht-Mathematikern als esoterisch. WHITEHEAD unterscheidet dabei klar zwischen der Mathematik als Gegenstand tiefdringenden Studiums und ihrer Verwendung als einem Instrument der

---

[16] Vgl. Baireuther 2005, S. 41
[1] Whitehead 1962, S. 260

Bildung[2], wendet sich also klar gegen die szientistischen Züge der neuhumanistischen Gymnasialtradition. So wichtig wie für die wissenschaftliche Auseinandersetzung mit Mathematik ihr „schrankenloser Reichtum an logischen Folgerungen", die „Vielfalt der Methoden, und ihr rein abstrakter Charakter"[3] seien, so wesentlich sei es, Schülerinnen und Schüler nicht von diesem Reichtum erschlagen zu lassen. WHITEHEAD schlägt daher vor, sich im Mathematikunterricht „auf unmittelbare und einfache Weise mit einigen wenigen allgemeinen Ideen von weitreichender Bedeutung"[4] zu befassen. Die weitreichende Bedeutung bezieht WHITEHEAD dabei nicht ausschließlich auf Mathematik, sondern eben auch auf jene „Beziehung zum alltäglichen Denken".

Die allgemeinen Ideen stehen als nützliche Ideen gleichsam in Konkurrenz zu einem allein auf die Förderung logischen Denkens ausgerichteten mathematischen Bildungsideal. In seinen erziehungsphilosophischen Schriften unterscheidet WHITEHEAD selbstgenügsame, nutzlose Ideen (inert ideas) von solchen, die dem Ziel der Erziehung zum Leben in der modernen Welt nutzen[5]. Eine Idee nutzen heißt für ihn, „sie mit jenem Strom verknüpfen, der aus Sinneswahrnehmungen, Gefühlen, Hoffnungen, Trieben, geistigen Bestätigungen [...] besteht, und der unser Leben ausmacht"[6]. Auf den Mathematikunterricht übertragen bedeutet das, dass „die Elemente der Mathematik [...] als Studium einer Reihe von grundlegenden Ideen behandelt werden, deren Bedeutung der Schüler unmittelbar zu schätzen versteht"[7]. Im Umkehrschluss gilt: „Jeder Lehrsatz und jede Methode, die diesen Test nicht besteht, wie wichtig auch für ein fortgeschrittenes Studium, sollte rücksichtslos entfernt werden"[8]. Halten wir hier kurz inne: Das von WHITEHEAD intendierte Verknüpfen der Einzelinhalte mit dem „Strom" geht über eine reine Auswahl von Inhalten hinaus, sehr deutlich gehen hier auch in Abschnitt 1.1. erwähnten allgemeinen Lernziele ein. Inwiefern ein bestimmter Inhalt als Beitrag zu einer nützlichen Idee oder nur als selbstgenügsam empfunden wird, hängt außer vom Inhalt selbst immer auch von der Art seiner Behandlung im Mathematikunterricht ab, weil diese für die Erreichung der mit der Idee verbundenen Ziele entscheidend ist.

---

[2] Vgl. a.a.O., S. 262

[3] A.a.O., S. 260

[4] A.a.O.

[5] „Generals ideas [should] [...] give an understanding of the stream of events which pours through his [the pupil's] life, which is his life", Whitehead 1967, S. 2.

[6] Whitehead 1967, S. 3, eigene Übersetzung

[7] Jung 1962, S.252

[8] A.a.O.

Ganz ähnlich wie in den ursprünglichen Vorstellungen der Meraner Reformer steht also auch bei WHITEHEAD der Gedanke einer teilweisen Materialisierung von Bildungszielen durch eine Orientierung auf grundlegende Ideen im Vordergrund; diese Materialisierung bedeutet aber auch bei WHITEHEAD nicht einfach eine Konzentration auf bestimmte Inhalte, sondern deren Behandlung in einer Art, die ihren Bildungswert hervortreten lässt. Dabei klingt neben der Nützlichkeit vor allem das Kriterium einer unmittelbaren Sinnhaftigkeit der behandelten Gegenstände für die Schülerinnen und Schüler an.

Auch bei WHITEHEAD spielen die Anwendungen der Mathematik eine deutlich größere Rolle als in der neuhumanistischen Gymnasialtradition, die Bedeutsamkeit der behandelten Ideen müsse gut durch praktische Anwendungsbeispiele illustriert werden, u.a. schlägt er vor, sich mit sozialkundlich-statistischem Material auseinander zu setzen[9]. Dabei sind die Anwendungen nicht im Sinne der ,Realien', gleichsam als Eigenwert materialer Bildung zu verstehen: Deutlich plädiert WHITEHEAD dafür, das grundlegende mathematische Studium von berufsvorbereitenden Studien im engeren Sinne zu trennen[10]. Die Anwendungen dienen im Kern dazu, dass jede Schülerin und jeder Schüler – nicht nur diejenigen, die in ihrem späteren Leben Mathematik betreiben wollen – „jene allgemeinen Wahrheiten bewußt wahrnehmen"[11], die sich in den allgemeinen Ideen erschließen.

Als allgemeine Ideen schlägt WHITEHEAD „drei Gruppen von Beziehungen, Zahl, Quantität und Raum betreffend"[12] vor. In den Erläuterungen zu diesen Beziehungen wird deutlich, dass WHITEHEAD – bei aller Elementarisierung – nicht darauf verzichten möchte, ein gewisses Maß an Abstraktion anzustreben. Die „Idee der Quantität, der meßbaren Größe"[13] ist zumindest für den fortgeschrittenen Schüler durchaus bis zur Thematisierung der Inkommensurabilität/ Irrationalität angedacht. Insbesondere enthält sie Betrachtungen zur Idee der „funktionalen Abhängigkeit"[14] bis hin zur Behandlung des Begriffs der Änderungsrate. Hier wird klar, dass auch für WHITEHEAD die Schulung abstrakten, logischen Denkens ein wesentliches Bildungsziel bleibt, sie tritt aber über die allgemeinen Ideen als Schulung des Schülers im Um-

---

[9] Vgl. Whitehead 1962, S. 262f, sowie Whitehead 1967, S. 8ff
[10] Vgl. Whitehead 1962, S. 262
[11] Vgl. Whitehead 1962, S. 262
[12] A.a.O.
[13] A.a.O., S. 263
[14] A.a.O., S. 264

gang mit abstrakten Ideen auf und ist gebunden an die Forderung, dass Schülerinnen und Schüler trotz ihres abstrakten Charakters deren Bedeutung unmittelbar zu schätzen verstehen. JUNG hat deutlich herausgearbeitet, dass in der Spannung dieser Ansprüche die wesentliche methodische Herausforderung des Mathematikunterrichts nach WHITEHEAD zu sehen ist:

> „Jeder, der selbst Mathematik unterrichtet hat, weiß, dass die größte Schwierigkeit nicht in der technischen Instruktion besteht, sondern darin, den Schülern den Sinn dafür zu wecken, daß es um eine bedeutende Sache geht. [...] Whiteheads Lösung besteht darin, den Unterricht auf die allmähliche Herausarbeitung des Allgemeinen auszurichten. Das ist eine schwierige Aufgabe, die nicht durch eine direkte Vermittlung des Allgemeinen gelöst werden kann. [...] Allgemeine Ideen und Methoden haben nur Sinn, wenn sie in ihrer Kraft, das Konkrete aufzuhellen, erfahren wurden. Und Einzelheiten haben nur Sinn, sofern sie zur Reflexion einladen."[15]

Grundlegende Ideen lassen sich in der Lesart JUNGs nicht direkt lernen. Einzelwissen, dessen isolierte Vermittlung WHITEHEAD zutiefst ablehnt, ist gleichwohl die Grundlage, auf der die generellen Ideen Fuß fassen müssen. WHITEHEAD selbst bemüht im Folgenden die Bäume/Wald-Metapher:

> „All practical teachers know that education is a patient process of the mastery of details, minute by minute, day by day. There is no royal road to learning through an airy path of brilliant generalizations. There is a proverb about the difficulty of seeing the wood because of the trees. That difficulty is exactly the point which I am enforcing: The problem of education is to make pupil see the wood by means of the trees."[16]

Ähnlich wie den Meraner Reformern geht es bei WHITEHEAD dem Anspruch nach um eine veränderte Sicht auf die Inhalte und einen anderen Umgang mit den Inhalten. Es kommt nicht allein auf die Auswahl der Inhalte an, sondern darauf, dass die Inhalte (die Bäume) den Blick auf die Ideen (den Wald) nicht verstellen, sondern umgekehrt: die Ideen können nur durch die angemessene Präsentation der Inhalte sichtbar werden. WHITEHEAD betont dabei, dass es nicht auf eine möglichst

---

[15] Jung 1962, S.252ff
[16] Whitehead 1967, S. 6

große Anzahl von Inhalten ankommt, sondern darauf, dass die unterrichteten Inhalte wirklich verstanden werden, d.h. als nützlich erfahren werden. Auch ihm scheint es unabdingbar, dass im mathematischen Unterricht das Lernen der Inhalte soweit wie möglich als Entdeckungslernen organisiert wird. Er betont die Bedeutung der Prozesshaftigkeit mathematischen Wissens, ihres Eingebundenseins in den „Strom".

Mathematische Ideen nutzen heißt nach WHITEHEAD, sie mit denjenigen Sinneswahrnehmungen, Gefühlen, Hoffnungen und Wünschen in Verbindung zu setzen, die unsere gedanklichen Aktivitäten steuern, von Gedanke zu Gedanke diese Aktivitäten anzupassen und modifizieren zu können[17]. Sehr deutlich plädiert WHITEHEAD dafür, mathematische Begriffe und Verfahren nicht als Fertigprodukte in den Unterricht einzuführen, sondern erst dann, wenn klar ist, wie sie in den Prozess der Adaption und Modifikation des Denkens nutzbringend eingreifen können.

Im Unterschied zur Meraner Reform ist WHITEHEADs Herangehensweise deutlich philosophischer geprägt: Die ‚Erziehung zur Gewohnheit des funktionalen Denkens' stellt gewissermaßen eine Klammer zwischen einer sinnvollen Herangehensweise an mathematische und außermathematische Phänomene und Probleme dar. WHITEHEADs Ansatz zielt hingegen deutlich weitreichender auf die Herausarbeitung des Allgemeinen im Medium des mathematischen Denkens und Arbeitens, auf diejenigen Grundkategorien menschlichen Denkens, die im mathematischen Denken aufgegriffen, verfeinert und spezialisiert werden. Dieser Aspekt wird uns im Verlauf der Arbeit vor allem bei SCHREIBERs Konzeption universeller Ideen wieder begegnen. Generell ist anzumerken, dass WHITEHEADs Überlegungen für die tatsächliche Praxis des Mathematikunterrichts (außerhalb Englands) erheblich weniger folgenreich waren als die Überlegungen der Meraner Reformer, was nicht zuletzt an den ausgangs des letzten Abschnitts genannten Problemen liegen dürfte, die Forderungen einer neuen Sichtweise auf bekannte Inhalte generell mit sich bringen. WHITEHEAD propagiert keinerlei neue oder besonders ‚moderne' Inhalte, schon deshalb hatte er es wesentlich schwerer als die Meraner Reformer.

Einige von WHITEHEADs Vorstellungen finden in den 1960er Jahren Eingang in ALEXANDER WITTENBERGs Konzeption mathematischer Bildung.[18] Sein Zugang zur „Echtheit mathematischer Erfahrung"[19] greift

---

[17] Vgl. a.a.O., S. 3
[18] Vgl. Wittenberg 1990
[19] A.a.O., S. 46

WHITEHEADs Gedanken der Herausarbeitung des Allgemeinen im Medium des mathematischen Denkens auf und konkretisiert ihn zu zwei Grunderfahrungen, nämlich

- einerseits der Erkenntnis, dass Mathematik eine in sich abgeschlossene, nicht willkürliche Welt des reinen Denkens sei
- und dass darüber hinaus „jene gesetzmäßigen Gebilde, jene mathematischen Gestalten, die wir in unserem Denken halb schaffen und halb entdecken" in der „Wirklichkeit der Natur"[20] wiedergefunden werden könnten.

HANS WERNER HEYMANN (auf den später noch zurückgekommen wird) hat diese Grunderfahrungen wegen ihrer Rolle für den Unterricht als „*zentrale Ideen*, an denen Wittenberg den Mathematikunterricht ausrichten möchte"[21] klassifiziert. Diese Lesart WITTENBERGs hat sich in der Mathematikdidaktik m.e. aber nicht durchgesetzt. Die von WITTENBERG eingeführten Grunderfahrungen haben sich hingegen auf allgemeinerer Ebene etabliert: Betrachtet man etwa die drei allgemeinbildenden Grunderfahrungen nach WINTER[22], so sind dessen erste beiden Grunderfahrungen nahezu identisch mit denen WITTENBERGs.

Um zu WHITEHEAD zurückzukehren, kann festgehalten werden, dass seine Vorstellungen zu grundlegenden Ideen kaum unmittelbare Konsequenzen für die internationale Curriculumdiskussion seiner Zeit nach sich gezogen haben. Erst mit deutlicher Verspätung werden die Ansätze WHITEHEADs auf eher allgemeiner Ebene über WITTENBERG in die Diskussion um die Reform des Mathematikunterrichts in Deutschland aufgenommen. Historisch betrachtet konnten sich die Ansätze von WHITEHEAD und WITTENBERG aber auch zu diesem Zeitpunkt nicht gegen eine andere, im folgenden Abschnitt betrachtete Lesart grundlegender Ideen, durchsetzen.

---

[20] A.a.O., S. 47
[21] Heymann 1996, S. 164
[22] Vgl. Winter 1995

1.4 Idee und Struktur (Bruner / Bourbaki)
Von kognitiven Strukturen zu strukturmathematischen Begriffen

Die wohl umfangreichste Reform des Mathematikunterrichts im 20. Jahrhundert verbinden wir mit Begriffen wie ‚Mengenlehre', ‚Neue Mathematik', ‚Strukturorientierung', aber auch mit dem Terminus ‚fundamentale Ideen'. Das Besondere dieser Reform ist, dass sie von zwei wissenschaftlichen Entwicklungen bestimmt ist: der Etablierung kognitivistischer Ansätze in der (Lern-)Psychologie einerseits und den wissenschaftlichen Errungenschaften der strukturmathematischen Sichtweise andererseits. Ihren nachhaltigen Einfluss auf den Mathematikunterricht verdanken die beiden Richtungen ohne Frage den gesellschaftlichen Rahmenbedingungen, an die man durch Schlagworte wie ‚Sputnik-Schock' oder ‚Bildungskatastrophe' erinnert wird. Diese Rahmenbedingungen sollen wiederum zunächst kurz dargestellt werden, weil sie einerseits entscheidend für die Umsetzung der Reformen sind und andererseits eine Brücke schlagen zwischen den Verhältnissen zu Zeiten der Meraner Reform und aktuellen Entwicklungen.

Hintergründe

Sozioökonomisch ist auch die Zeit der Neuen Mathematik durch gewisse Umwälzungen bestimmt. Nach der Erholung von den Folgen des zweiten Weltkrieges setzt eine erneute Phase forcierten technischen Fortschritts ein. Gleichzeitig ist es die Zeit des einsetzenden Kalten Krieges, eines materiellen, technischen und ideologischen Wetteiferns der konkurrierenden Systeme des Kapitalismus und des Sozialismus. Das Ende der fünfziger Jahre markiert in den USA einen Wendepunkt in der Bildungspolitik: Aufgescheucht durch den ‚Sputnik-Schock' wächst dort das Bedürfnis nach einer Höherqualifikation der Bevölkerung, insbesondere im naturwissenschaftlich-technischen Bereich. Das Zurückfallen gegenüber den Staaten des Ostblocks provoziert die Etablierung einer Reihe von Instituten und Forschergruppen, deren Aufgabe die Revision des Curriculums von der ‚elementary school' bis hin zur College-Ausbildung ist. Mit einiger Verspätung greifen diese Entwicklungen auch auf Europa und Westdeutschland über, hier vor allem unter dem Stichwort ‚Bildungskatastrophe'.

Gleichzeitig wandelt sich mit dem Siegeszug der Kognitionswissenschaften die Auffassung vom Lernen: BRUNERs Theorien besagen im Kern, dass Wissen umso besser behalten, leichter abgerufen und leichter transferiert werden kann, umso strukturierter es erworben wird. In seinem viel beachteten Werk „The process of education" entwickelt BRUNER demgemäß eine Theorie, nach der eine Ausrichtung des Unterrichts aller Fächer auf allen Niveaus auf die ihnen zu Grunde liegenden Strukturen statt zu finden habe.

Fundamentale Ideen zwischen kognitiven und mathematischen Strukturen

„The process of education" ist BRUNERS persönliches Resümee eines vorangegangenen Kongresses von Erziehungswissenschaftlern, Psychologen und Fachwissenschaftlern in Woods Hole. BRUNER selbst ist seinerzeit Professor für Psychologie an der Universität Harvard, sein Interesse gilt insbesondere „Problemen der Wahrnehmung, des Denkens und der kognitiven Lernprozesse"[1], aber gerade auch der pädagogischen Dimension von Naturwissenschaften und Mathematik.

Der folgenreichste und vermutlich am häufigsten zitierte Satz aus BRUNERs Werk dürfte die folgende Hypothese sein: „Jedes (sic!) Kind kann auf jeder Entwicklungsstufe jeder Lehrgegenstand in einer intellektuell ehrlichen Form gelehrt werden."[2] Dies ist in direktem Zusammenhang mit dem Konzept fundamentaler Ideen zu sehen: „Diese Behauptung mag zunächst überraschend klingen, aber sie soll einen solchen, beim Aufstellen von Lehrplänen oft übersehenen Punkt unterstreichen, nämlich daß die basalen Ideen, die den Kern aller Naturwissenschaft und Mathematik bilden, und die grundlegenden Themen, die dem Leben und der Dichtung ihre Form verleihen, ebenso einfach wie durchschlagend sind"[3]. Aufgabe des Unterrichtenden, oder auf höherer Ebene der Lehrplangestalter, ist es demnach, diese grundlegenden Themen und fundamentalen Ideen auf eine für den Lernenden adäquate Form zu bringen. Für den Anfangsunterricht konzentriert sich diese Forderung nach intellektueller Ehrlichkeit vor allem auf das „intuitive Erfassen und Gebrauchen", später dann sollte das Curriculum „wiederholt auf diese Grundbegriffe zurückkommen und auf ihnen aufbauen, bis der Schüler den ganzen formalen Apparat, der mit ihnen einhergeht, begriffen hat"[4].

---

[1] Werner Loch im Vorwort zu Bruner 1972, S. 13
[2] Bruner 1972, S. 44
[3] A.a.O., S. 26
[4] A.a.O., S. 44

Das erste Kapitel seines Buches überschreibt BRUNER mit „Die Wichtigkeit der Struktur", was einen guten Einblick in die generelle Orientierung liefert: Die fundamentalen Ideen einer Wissenschaft vermitteln bedeutet, Einsicht in die Struktur des Lehrgegenstandes herzustellen. Vom Lehren der Grundstrukturen erhofft sich BRUNER vier positive Folgen für den Unterricht:

- „Ein Lehrgegenstand wir faßlicher, wenn man seine Grundlagen versteht"[5]

- Das menschliche Gedächtnis vergisst Einzelheiten sehr schnell wieder, „wenn sie nicht in eine strukturierte Form gebracht worden sind."[6] Dazu werden detaillierte Fakten im Gedächtnis durch vereinfachende Darstellungen aufbewahrt, die eine spätere Regeneration des Wissens ermöglichen.

- Strukturwissen ermöglicht nichtspezifischen Transfer.

- Eine bessere Verbindung zwischen „elementarem Wissen" der Grundschule und „fachlichem Wissen" der Sekundarschulen und der höheren Bildungseinrichtungen wird möglich.[7]

Die Grundstrukturen bezeichnet BRUNER an einigen Stellen des Werkes auch als „fundamentale Ideen", im englischen Originaltext wechselt Bruner relativ willkürlich zwischen Bezeichnungen wie „basic and general ideas [...], fundamental and basic ideas [...], elementary ideas (of algebra) [...], fundamental structure of a discipline [...], general principles and general attitudes"[8]. Es darf daher mit KNÖSS 1989 gezweifelt werden, dass es BRUNER in erster Linie um die Prägung eines Begriffs (nämlich der fundamentalen Idee) ging; es ging ihm eher generell um eine Orientierung an wichtigen Ideen, typischen Prinzipien, hilfreichen Einstellungen und nicht zuletzt grundlegenden Strukturen.[9]

Die Rede von der „structure of the discipline" ist jedenfalls für den Verlauf der Reformen die entscheidende Figur. Gemäß BRUNERs Theorie des instrumentellen Konzeptualismus machen kognitive Strukturen „die eigentliche Natur des Wissens" aus und finden sich in ihrer am weitesten entwickelten Form in der „structure of the discipline", den Strukturen der Wissenschaft wieder. „Dabei ging Bruner davon aus, daß

---

[5] A.a.O., S. 35
[6] Bruner 1972, S. 36
[7] Vgl. a.a.O., S. 37f
[8] Zitiert nach Knöß 1989, S. 10
[9] Vgl. Knöß 1989, S. 9ff

eine wissenschaftliche Disziplin weniger durch das von ihr angehäufte Wissen charakterisiert wird als viel mehr durch eine bestimmte Form des Gebrauchs ihrer grundlegenden Begriffe als Instrumente der Handlungsorientierung"[10]. In den Strukturen der Wissenschaft findet sich gleichsam die optimale Organisationsform kognitiver Strukturen. Wenn sich die Tätigkeit von Wissenschaftler und Kind ihrer Art nach prinzipiell nicht voneinander unterscheiden, so liegt es demnach nahe, Lernprozesse so früh wie möglich auf diese Strukturen hin zu orientieren.

BRUNER unterscheidet sich hier deutlich von PIAGET. Ist beiden die Betonung der Bedeutung von Strukturen für Lernprozesse gemeinsam, so trennt sie insbesondere die Einschätzung der Bedeutung instruktionaler Maßnahmen. PIAGET sieht den Aufbau kognitiver Strukturen im Kern als zunächst autonomen, intrinsischen Prozess des Individuums an, in welchem Intelligenzentwicklung als ein permanentes Streben nach der Erlangung von Gleichgewichtszuständen durch „Akkomodation (Anpassung der Denkweisen des Subjekts an umweltliche Phänomene) und Assimilation (Einordnung umweltlicher Phänome in die vom Subjekt entwickelten Phänomene)"[11] beschrieben wird.

BRUNERs Überlegungen gehen hingegen „toward a theory of instruction"[12], befassen sich also grundsätzlich mit der Möglichkeit, im Rahmen vom Unterricht aktiv auf die Entwicklung kognitiver Strukturen hinzuwirken. Dabei möchte BRUNER konsequenterweise die Konstruktion zukünftiger Curricula den „fähigsten Hochschullehrer[n] und Wissenschaftler[n]"[13] überlassen: Wer außer ihnen könnte kompetent Auskunft über die grundlegenden Strukturen mathematischen Denkens und Arbeitens erteilen?

Die zeitgenössische Mathematik hatte sich nun ihrerseits mit grundlegenden Strukturen beschäftigt, in BOURBAKIs Programm sollte das gesamte Gebäude der Mathematik auf Überlagerungen und Spezialisierungen der sogenannten ‚Mutterstrukturen'[14] zurückgeführt werden, gestützt auf die Grundbegriffe Menge und Abbildung. Es lag von daher nahe, Strukturen bzw. fundamentale Ideen im Sinne BRUNERs mit den zentralen Strukturbegriffen der Mathematik zu identifizieren. Dies hatte zudem den Effekt, dass der gesellschaftliche Reformwille inhaltlich in einer Weise gefüllt werden konnte, die einen Lückenschluss – zwischen

---

[10] Damerow 1977, S. 114f
[11] Bender/ Schreiber 1985, S. 255
[12] Bruner 1966
[13] Bruner 1972, S.32
[14] Dies waren die algebraischen, Ordnungs- und topologischen Strukturen.

der historisch gewachsenen „alten" Schulmathematik und der modernen „Neuen" Mathematik – erlaubte. Die konkreten Reformen des Mathematikunterrichts waren aus der allgemeinen Reformperspektive zunächst inhaltlich unterdeterminiert, BRUNERs Theorie des instrumentellen Konzeptualismus erlaubte es, sie in einer Weise inhaltlich zu füllen, die aus Sicht der Hochschulmathematik wünschenswert war und vor dem Hintergrund dieser Theorie auch lerntheoretisch legitimierbar.

Die konkreten Reformen des Mathematikunterrichts wurden nun also auf der Basis dieser Rechtfertigungsstrategie mit zwei wesentlichen inhaltlichen Zielvorstellungen verbunden, nämlich

- erstens grundlegende mathematische Strukturen bereits explizit im Schulunterricht zu behandeln (und zwar von der Grundschule an)

- und zweitens dafür geeignete Rahmenbedingungen zu schaffen, d.h. eine strukturmathematisch kompatible Gegenstandsauffassung zu vermitteln, bei der Begriffsbildungen auf mengentheoretischer Grundlage stattfinden, Sprech- und Argumentationsweisen präzisiert und Formen der symbolischen Darstellung vereinheitlicht werden sollten.[15]

Scheitern der Reformen

Für die Sekundarstufe I konnte DAMEROW allerdings nachweisen, dass die Strukturorientierung bereits in der konzeptionellen Phase nicht ohne Probleme blieb. In einer Reihe von Themengebieten wurden – strukturmathematisch motiviert – Begriffe in relativ abstrakter Form eingeführt, ohne dass die jeweiligen Themengebiete stofflich eine solide Basis für ein derartiges Abstraktionsniveau geboten hätten. Vielfach stellten die neu zusammengestellten Themenkreise Kompromisslösungen zwischen traditionellem Aufbau und strukturmathematischer Ausrichtung mit altersbedingten Abstrichen dar[16]. DAMEROW zeigt dies etwa am Beispiel des Themenkreises „Kongruenzabbildungen" in den Rahmenlehrplänen der KMK von 1968 auf. Die Realisierung der Reformvorschläge stellt dort eher eine Vermengung traditionell euklidischer, abbildungsgeometrischer und strukturmathematischer Ansätze als ein klare Umsetzung der Strukturorientierung dar. Es scheint so, als wären

---

[15] Vgl. Damerow 1977, S. 91
[16] Vgl. Damerow 1977, S. 225ff

strukturmathematisch motivierte Begriffsbildungen, wie die der Gruppe und des Vektorraums, den klassischen Inhalten aufgesetzt und der Themenkreis anschließend durch eigentlich themenfremde Elemente (hier: „Permutationen") aufgefüllt worden, um die Begriffsbildungen stofflich zu unterfüttern.[17]

Bereits früh in der Reformphase äußerten sich u.a. POLYA, WITTENBERG und FREUDENTHAL skeptisch gegenüber den Reformvorhaben in den USA und Deutschland[18]. Die Ansatzpunkte ihrer jeweiligen Kritik unterscheiden sich graduell, sind aber in allen Fällen ganz grundsätzlicher Natur. Gemeinsam ist den Kritikern die Absage an einen sinnentleerten Formalismus, an die mangelnde Motivation der eingeführten strukturmathematischen Begriffe und die antididaktische Inversion, die alle mit einem strukturtheoretisch organisierten Curriculum einhergehen.

Bereits 1962 heißt es in dem von POLYA mitunterzeichneten und von WITTENBERG ins Deutsche übertragene Memorandum „On the Mathematics Curriculum of the High School"[19] zur möglichen Rolle der ‚Modernen Mathematik' für den Schulunterricht:

> „Der Mathematikunterricht in den elementaren und höheren Schulen ist weit hinter den heutigen Notwendigkeiten zurückgeblieben, und es ist höchst erforderlich, ihn wesentlich zu verbessern: wir erklären uns nachdrücklich mit dieser heute fast allgemein akzeptierten Meinung einverstanden. Doch die häufig gehörte Behauptung, daß die in den höheren Schulen unterrichteten Gegenstände überholt seien, sollte sehr genau überprüft werden; sie sollte nicht einfach ohne weiteres hingenommen werden. [...]
>
> Was am heutigen Unterricht der höheren Schule schlecht ist, sind nicht so sehr die Gegenstände, denen er sich widmet, als die Isolierung der Mathematik von anderen Bereichen des Wissens und der Forschung, besonders von der Physik, und die Isolierung der verschiedenen Unterrichtsgegenstände voneinander; selbst innerhalb des einzelnen mathematischen Gebiets erscheinen die Techniken und Sätze dem Schüler als isolierte, unzusammenhängende Tricks, und er bleibt im Dunkeln über die Ursprünge und den Zweck der Manipulierungen und Tatsachen, von denen man erwartet, daß er sie auswendig lerne. [...] In Anbetracht des Mangels an Zusammenhang zwischen den verschiedenen Teilen des gegenwärtigen Unterrichtsprogramms mögen die Gruppen, die an der Ausarbeitung neuer Programme arbeiten, gut beraten sein, wenn sie be-

---

[17] Vgl. a.a.O., S. 227
[18] Wittenberg 1990, Freudenthal 1963, für Polya vgl. Wittenberg 1962
[19] Deutsche Übersetzung: Wittenberg 1962

strebt sind, vereinheitlichende allgemeine Terminologie und Begriffe einzuführen. [...]

Doch kann der Geist moderner Mathematik nicht gelehrt werden, indem man einfach ihre Terminologie wiederholt. Im Einklang mit unseren Grundsätzen wünschen wir, daß der Einführung neuer Ausdrucksweisen und Begriffe genügend ‚konkrete' Vorbereitung vorangehe und daß ihr echte, geistig anspruchsvolle Anwendungen folgen, nicht substanz- und witzloses Material: ein neuer Begriff muß motiviert und angewandt werden, wenn man einen intelligenten jungen Menschen davon überzeugen will, daß der Begriff seine Aufmerksamkeit verdient. [...]

Natürlich haben nicht alle Mathematiker den gleichen Geschmack. Mathematik hat viele Gesichter. Man kann sie als ein Instrument ansehen, das uns hilft, die Welt um uns zu verstehen: vermutlich besaß Mathematik diesen Wert für Archimedes und Newton. Man kann Mathematik auch als ein Spiel mit willkürlichen Regeln betrachten, bei dem die hauptsächliche Rücksicht ist, sich an die Spielregeln zu halten: irgendeine derartige Ansicht mag für gewisse Grundlagenprobleme als angemessen erscheinen. Die Mathematik hat noch mehrere andere Gesichter, und ein beruflicher Mathematiker mag irgendeines derselben bevorzugen. Doch wenn es um den Unterricht geht, so ist die Auswahl nicht eine bloße Geschmackssache. Wir können von einem intelligenten jungen Menschen erwarten, daß er den Wunsch habe, die Welt um ihn zu erkunden, aber wir können nicht von ihm erwarten, daß er willkürliche Regeln lerne: warum gerade diese und nicht andere?"[20]

Die Verfasser des Memorandums schließen sich nur teilweise der Sicht der Problemlage des mathematischen Unterrichts an: Sie sehen klar die Gefahr der Isolation und des Rezeptcharakters mathematischer Fähigkeiten, die in der Schule vermittelt werden, verweigern aber das Generalurteil einer Veraltung der in der Schule behandelten Themen an sich. Insbesondere lehnen sie die mit der Einführung strukturmathematischer Konzepte einhergehende formalistische Mathematikauffassung strikt ab. Der Aufbau der Mathematik nach BOURBAKI ist eben nur eine Form der strukturierten Organisation mathematischen Wissens und – wie BEHNKE es formuliert – „in keiner Weise der Weisheit letzter Schluß"[21].

---

[20] Wittenberg 1962, S. 226f
[21] Behnke 1970, S. 11

In BEHNKEs Essay „Die Krisis des Mathematik-Unterrichts" heißt es weiter:

> „Sein [BOURBAKIs] Werk ist für die erste mathematische Provinz, die Gemeinschaft der Forschenden, geschrieben. Über die Darstellung der Mathematik in den anderen beiden Provinzen mathematischen Lebens[22] ist damit unmittelbar noch nichts gesagt. BOURBAKI will auch nicht die gesamte Mathematik darstellen. Er ist nur bemüht, die Mathematik zu vereinheitlichen und uns mit den axiomarmen Strukturen Hilfsmittel für die Forschung in den komplizierten Theorien zur Verfügung zu stellen. Für eine solche Darstellung eignen sich einige Teilgebiete besser als andere."[23]

Die Äußerungen BEHNKEs machen klar, dass eine Interpretation der mathematischen Strukturbegriffe als kognitive Strukturen im Sinne BRUNERs, die etwas über die Natur mathematischen Wissens *an sich* aussagen sollen, nicht ohne weiteres möglich ist, da BOURBAKIs Absichten zunächst auf einer ganz anderen Ebene liegen.

Ganz ähnlich äußert sich WITTENBERG in seiner Abhandlung „Bildung und Mathematik". Ihm scheinen die Reformen vielfach nur eine Ähnlichkeit zwischen Mathematikunterricht und moderner Mathematik auf der oberflächlichen Ebene der Verwendung derselben Begriffe herzustellen, bei der es sich „oft um nicht viel besseres als eine Nachäffung höherer Mathematik [handle], bei der völlig verkannt wird, daß die frappanten äußerlichen Züge der modernen Mathematik [...] ihr allmähliches Zustandekommen nicht einer Laune der Mathematiker, sondern organischen Notwendigkeiten verdanken, die dem begrenzten Erfahrungsbereich des Gymnasiasten größtenteils fremd bleiben müssen".[24]

Spätestens dann aber muss man konstatieren, dass sich die Tätigkeiten von Schülerinnen und Schülern und die Tätigkeiten von Wissenschaftlerinnen und Wissenschaftlern wohl nicht mehr nur im Niveau, sondern auch in ihrer Art grundsätzlich unterscheiden. Aus Strukturen, die das Wissen organisieren sollten, wurden Begriffe, die es als solche zu lernen galt, im Wesentlichen also Terminologie. Wenn nun aber die Begriffe im Rahmen ihrer schulmathematischen Einführung bereits alles andere als analog zu ihrer eigentlichen Bedeutung im Bereich der Wissenschaft verwendet werden, so ist erst recht fraglich, inwiefern sie die von BRUNER gewünschten, weitergehenden Effekte für das Lernen von Mathe-

---

[22] Gemeint sind die akademische Lehre und der Mathematikunterricht in der Schule.
[23] Behnke 1970, S. 11
[24] Wittenberg 1990, S. 55

matik haben. Eine Reflexion dieser Zieldifferenz blieb im Rahmen der Neuen Mathematik weitestgehend aus. Die Folge war, dass die Einführung der Begriffe letztlich zum reinen Selbstzweck verkam. Eine Reorganisation des Wissens fand – ähnlich wie zuvor in der Meraner Reform – jedenfalls nicht in dem von BRUNER und den übrigen Reformern erwünschten Ausmaß statt.

Wir haben es bei der Umsetzung einer Orientierung an grundlegenden Ideen im Zuge der Neuen Mathematik mit einer doppelten Reduktion zu tun: Der Unterricht wird nicht an der Wissenschaft Mathematik, sondern an einem sehr eingeschränkten, ja veramten Verständnis von Wissenschaft (Formalismus) ausgerichtet. Die zweite Reduktion besteht in dem Irrglauben, mathematische Lernprozesse und mathematische Wissenschaft könnten überhaupt ohne weiteres von ein und denselben Ideen geleitet werden, ohne dass eine eigene Interpretation dieser Ideen notwendig wäre bzw. eine begründete Auswahl von Ideen mit Blick auf ihre Wirkung in pädagogischen Prozessen und unter Beachtung der notwendigen quantitativen und qualitativen Begrenztheit des schulmathematischen Curriculums.

1.5 Idee und Sinn (Schreiber / Bender / Schweiger)

Ideen als Bündel von Strategien, Techniken und Hanlungen

Gegen Ende der siebziger Jahre findet eine didaktische Neubewertung der Orientierung an grundlegenden Ideen statt, die bis etwa Mitte der achtziger Jahre des vorigen Jahrhunderts andauert und um die es in den nächsten beiden Abschnitten gehen soll.

Nahezu parallel entwickeln hier einerseits SCHREIBER und BENDER ihren Ansatz von universellen und zentralen Ideen, welcher in der Folge von SCHWEIGER aufgegriffen, ergänzt und modifiziert wird, und TIETZE, KLIKA und WOLPERS differenzieren im Rahmen ihrer Arbeit an einer Didaktik des Mathematikunterrichts in der Sekundarstufe II den Begriff der fundamentalen Idee zu den drei Konzepten Leitideen, zentrale Mathematisierungsmuster und bereichsspezifische Strategien aus.

Hintergründe

Waren kritische Stimmen wie die von WITTENBERG im Zuge der allgemeinen Reformeuphorie der frühen siebziger Jahre zunächst weitgehend untergegangen, so setzte bereits Mitte der siebziger Jahre eine

Gegenbewegung zur Neuen Mathematik ein. Zum einen wurden unter dem Eindruck ernüchternder Unterrichtserfahrungen einige der besonders überspitzten Reformvorstellungen nach VOLLRATHs Einschätzung allein als Reaktion des „gesunden Menschenverstandes"[1] zurückgenommen. Zum anderen entwickelten sich parallel didaktische Theorien des Lehrens und Lernens von Mathematik, welche die reduktionistischen Sichtweisen der Neuen Mathematik zu überwinden suchten[2]. Eine besondere Bedeutung kommt dabei WITTMANNS erstmals 1974 erschienenen „Grundfragen des Mathematikunterrichts"[3] zu. WITTMANN arbeitet klar die Probleme einer Orientierung des Mathematikunterrichts an deduktiv-axiomatischen Auffassungen des Gegenstandes heraus und setzt ihnen mit seiner Theorie des genetischen Lehrens eine Methode entgegen, in der „mathematische, erkenntnistheoretische, psychologische, pädagogische und soziologische Betrachtungsweisen miteinander verbunden werden"[4]. Dabei übernimmt WITTMANN von BRUNER das Spiralprinzip und BRUNERs Theorie der Repräsentationsmodi, WITTMANN stellt sie anders als die Vertreter der Neuen Mathematik sehr viel stärker in den Kontext von BRUNERS Vorstellungen zum entdeckenden Lernen und der Bedeutung des intuitiven Denkens.

In der Didaktik der Analysis kommt es unter dem Einfluss der Arbeiten von BLUM und KIRSCH zu einer Neubewertung des Verhältnisses von „Anschaulichkeit und Strenge"[5], und schließlich wendet sich die Fachdidaktik, durch die zunehmend akzeptierte Bedeutung der Stochastik auch in der Sekundarstufe I herausgefordert, wieder stärker Fragen der Anwendungsorientierung im Mathematikunterricht zu.

Von Mitte der siebziger bis Mitte der achtziger Jahre erscheinen zahlreiche Arbeiten, die sich auf unterschiedliche Weise der Konzeption grundlegender Ideen nähern. Dabei lassen sich grob drei Richtungen unterscheiden:

– Arbeiten, in denen die Bedeutung einer Orientierung des Mathematikunterrichts an Ideen grundsätzlich bildungstheoretisch erwogen und gegen eine bloße Fokussierung auf mathematische Strukturen und Begriffe abgegrenzt werden (JUNG 1978, VOLLRATH 1978, sowie SCHREIBER 1979 und FISCHER 1984),

---

[1] Vollrath 1994, S. 9
[2] A.a.O.
[3] Vgl. Wittmann 1981
[4] Vollrath 1994, S. 9
[5] Blum / Kirsch 1979

- Arbeiten, die sich mit fundamentalen Ideen einzelner Inhaltsbereiche oder einzelnen als fundamental angenommenen Ideen beschäftigen, ohne dass alle Arbeiten den Begriff der fundamentalen Idee selbst näher definieren oder gar problematisieren (u.a. HEITELE 1975, KÜTTING 1985 zur Stochastik, DANCKWERTS 1988 zur Linearität),

- Arbeiten, die in teils deutlicher Abgrenzung zu BRUNER den Begriff der fundamentalen Idee bzw. eigene alternative Begriffsvorschläge selbst und ihre mögliche Bedeutung für den Mathematikunterricht erörtern[6].

Mit der zusammenfassenden ideengeschichtlichen Analyse von SCHWEIGER 1992 findet die Diskussion mit Blick auf die Arbeiten des ersten und dritten Typus einen vorläufigen Abschluss.

Abgrenzungen gegenüber der Neuen Mathematik

In seinem programmatischen Aufsatz „Unterricht als Prozess der Befreiung vom Gegenstand" arbeitet FISCHER 1984 sehr klar die im vorangegangenen Abschnitt als problematisch kritisierten Aspekte der engen BRUNER-Interpretation im Rahmen der „Neuen Mathematik" heraus. Diejenige Richtung, die mit fundamentalen Ideen im Wesentlichen die BOURBAKIschen Mutterstrukturen und deren Überlagerungen und Spezialisierungen identifiziert, ist nach FISCHERs Ansicht insbesondere daran gescheitert, dass sie den theoretischen Charakter dieser Strukturen eklatant missachtet hat:

> „Theorien sind Sichtweisen von Menschen zur Erklärung von Sachverhalten. Z.B. stellt der mengentheoretische Aufbau der Zahlensysteme oder der Geometrie *eine* Möglichkeit dar und wird nur dann verständlich, wenn mitbedacht wird, was er leistet bzw. welche Alternativen es gibt. *Die Zweckhaftigkeit und der sozial-kommunikative Charakter* von derartigen fundamentalen Ideen gehen verloren, wenn man bloß die Gerade als Menge ihrer Punkte definiert, konkrete Relationen betrachtet usw. Je fundamentaler eine Idee ist, desto mehr müsste man ihr Umfeld, ihre Genese, ihre Anwendungen berücksichtigen. Für den Schulunterricht hat man diese Begriffe ‚verdinglicht', ihres theoretischen Charakters beraubt, so daß sie einfach als naiv-existent angenommen werden.

---

[6] Die drei wohl bedeutendsten werden im Folgenden ausführlicher dargestellt.

Man hat ihnen damit ihren Sinn genommen, so daß sie letztlich nicht begriffen werden können, zumindest keine die anderen Inhalte erhellenden Bezüge liefern, sondern nur Stoffvermehrung."[7]

Bereits 1978 hatte JUNG in seiner kritischen Aufarbeitung der Neuen Mathematik ähnlich argumentiert: Die Orientierung an zentralen Ideen meint bei JUNG einen Beitrag zur Frage: „Welche *Ideen* nimmt der Schüler als Elemente seiner geistigen Existenz mit und welche Rolle spielen diese Ideen in seinem Leben?"[8]. Dabei meinen mathematische Ideen mehr als Begriffe oder Strukturen, sie vermitteln „die Vorstellung einer geistiges Leben organisierenden Potenz"[9], den Sinn, der hinter mathematischen Begriffen und Strukturen steckt. Sie meinen aber auch weniger als das Lernen der exakten Definition bestimmter Begriffe, denn das Plädoyer einer Orientierung an Ideen müsse lauten: „Lehre Ideen, d.h. geistige Gehalte, die hinreichend vage sind, um zu individueller Aneignung einzuladen"[10]. JUNG möchte für die Ideen genau das vermeiden, was ihn ähnlich wie DAMEROW am lernzielorientierten Unterricht der siebziger Jahre maßgeblich stört: die Operationalisierung bis hin zur Bedeutungslosigkeit.

In eine sehr ähnliche Richtung laufen die Argumentationen von VOLLRATH aus demselben Jahr, der in einer fundamentalen Idee „den entscheidenden Gedanken eines Themas, den wesentlichen Kern einer Überlegung, den fruchtbaren Einfall bei der Lösung eines Problems, die leitenden Fragestellungen einer Theorie, die zentrale Aussage eines Satzes, die einem Algorithmus zu Grunde liegenden Zusammenhänge und die mit Begriffsbildungen verbundenen Vorstellungen"[11] sieht.

Zusammenfassend lassen sich die Kritikpunkte und Entwicklungslinien wie folgt darstellen:

– Generelle Skepsis und Ablehnung eines leichtfertigen Gebrauchs des ‚Struktur'-Begriffs, insbesondere der bildungs- und lerntheoretisch ungedeckten Hoffnung, mathematische Strukturen hätten ohne weiteres organisierendes und erhellendes Potenzial für mathematische Lernprozesse,

---

[7] Fischer 1984, S. 62
[8] Jung 1978, S. 170
[9] A.a.O.
[10] A.a.O.
[11] Vollrath 1978, S. 29

- Betonung des prozesshaften Charakters von Mathematik gegenüber einer Fixierung auf wissenschaftlich bedeutsame Begriffe als unreflektiert übernommene ‚Fertigprodukte‘,

- Forderung nach *sinnhaftem* Gebrauch fundamentaler Ideen, d.h. nur solche Konzepte der wissenschaftlichen Mathematik können im Mathematikunterricht eine Bedeutung beanspruchen, deren Gebrauch den Schülerinnen und Schülern partiell Aufschluss über Sinn und Bedeutung des mathematischen Handelns ermöglichen.

Universelle und zentrale Ideen (Bender / Schreiber)

Eines der für die heutige fachdidaktische Auffassung von grundlegenden Ideen bedeutendsten Konzepte wird von SCHREIBER gegen Ende der siebziger Jahre entwickelt und gemeinsam mit BENDER in der „Operativen Genese der Geometrie"[12] Mitte der achtziger Jahre näher ausgeführt und in Beziehung zu anderen fachdidaktischen Prinzipien gesetzt (Operatives Prinzip, Genetisches Prinzip, Teleologisches Prinzip, Prinzip der pragmatischen Ordnung).

SCHREIBER entwickelt seine Konzeption universeller und zentraler Ideen in deutlicher Abgrenzung zu BRUNER bzw. dessen Interpretation in der Neuen Mathematik, diese Abgrenzung geht bis hinein in die Terminologie. So vermeidet er die Bezeichnung „fundamental", denn die Ideen seien weder fundamental im Sinne der Entwicklungspsychologie PIAGETs, noch ginge es um die Frage nach den Grundlagen der Mathematik[13].

Der erste entscheidende Unterschied zwischen BRUNER (bzw. dessen enger Interpretation im Rahmen der Neuen Mathematik) und SCHREIBER liegt in der expliziten Unterscheidung zwischen Mathematik als Produkt und Mathematik als Prozess. SCHREIBER wendet sich gegen eine Wissenschafts- oder Strukturorientierung, die allein die „fertige" Mathematik als Maßstab nimmt. „Wir haben eher an allgemeine Schemata zu denken, die im *Prozeß* der Mathematik eingesetzt werden, die diesen Prozeß in Gang setzen oder weitertreiben"[14]. SCHREIBER will des Weiteren anhand der universellen Ideen aufzeigen, was sich im wissenschaftlichen Tun an „Kategorien des Alltagsverstandes"[15] verbirgt.

---

[12] Bender/ Schreiber 1983
[13] Vgl. Schreiber 1979, S. 166
[14] A.a.O.
[15] A.a.O.

Gerade in Bezug auf Mathematik scheint ihm dies ein wichtiges Anliegen zu sein, wo die Fachkultur „das Vergessen und Verwischen von Spuren [des Alltagsverständnisses] oft geradezu als Kunst"[16] ansieht. Wir finden hier also eine deutliche Parallele zu den Vorstellungen von WHITEHEAD, der ebenfalls eine mangelnde Beziehung des Mathematikunterrichts zum alltäglichen Denken festgestellt und diesen Mangel durch die Konzentration auf bedeutungsvolle Ideen zu überwinden versucht hatte.

Universelle Ideen sind zum Dritten nach SCHREIBER – und auch hier bestehen deutliche Parallelen zu WHITEHEAD – ein Ansatz, sich dem *Sinn*-Problem der mathematischen Tätigkeit zu nähern. Er formuliert dieses Problem in drei Richtungen:

- *Das philosophische Problem*: Inwiefern lassen sich axiomatische Theorien überhaupt rechtfertigen?

- *Das pädagogische Problem: Welche* mathematischen Inhalte gehören in die Schule und wie können diese verständig vermittelt werden?

- *Das ‚Esoterik'- Problem:* Das Bild von *Mathematik* in der Gesellschaft ist geprägt von spezialistischer Wirklichkeitsferne, die Kultur des Faches nimmt dies zumindest latent in Kauf.[17]

Den drei Problemen stehen drei unbefriedigende Antworten gegenüber: BOURBAKIistischer Fundamentalismus, Atomisierung und bloße Popularisierung der Schulmathematik sowie globale Hinweise auf die Nützlichkeit von Mathematik für die Technik im Allgemeinen.

Wie kann man nun mit Hilfe universeller Ideen diesen Problemen entgegentreten? SCHREIBER möchte dazu Mathematik an solchen Inhalten vermitteln, die einerseits für „*das Alltagsdenken* der Menschen weittragende Bedeutung haben" und andererseits helfen, „Mathematik im Zusammenhang der *allgemeinen wissenschaftlichen Tätigkeit*"[18] zu interpretieren.

Im Artikel von 1979 konkretisiert SCHREIBER ein Arbeitsprogramm bezüglich solcher Ideen. Demgemäß sei das Konzept der universellen Idee durch „eine Art Kriterium der Universalität"[19] zu konkretisieren, ein „Kanon" oder „Katalog" universeller Ideen aufzustellen, die Rolle universeller Ideen für den Aufbau eines adäquaten Bildes von Mathematik

---

[16] Schreiber 1983, S. 67
[17] Vgl. a.a.O., S. 66
[18] A.a.O., S. 67
[19] Schreiber 1979, S. 166

zu erörtern und schließlich der Unterrichtseinsatz universeller Ideen zu untersuchen. Dabei gelte es, geeignete Repräsentationen und Konkretisierungen der universellen Ideen hin zu bereichsspezifischen *zentralen Ideen* zu finden[20].

Als universelle Ideen schlägt SCHREIBER 1979 vorläufig *Algorithmus, Exhaustion, Invarianz, Optimalität, Funktion, Charakterisierung* vor.

Sein Artikel von 1983 konkretisiert zunächst durch drei Kriterien, wie sich die Universalität der Ideen ausweisen lässt:

„(1) Weite (logische Allgemeinheit)

(2) Fülle (vielfältige Anwendbarkeit und Relevanz in mathematischen Einzelgebieten)

(3) Sinn (Verankerung im Alltagsdenken, lebensweltliche Bedeutung)"[21]

Mit den Punkten (1) und (2) nimmt Schreiber damit zunächst eine Umschreibung der *mathematischen Bedeutsamkeit* im Sinne der Unterscheidung in Abschnitt 1.1 vor, mit dem dritten Punkt kommt zunehmend die *bildungstheoretische*, mit Einschränkungen aber auch die *pragmatische Bedeutsamkeit* universeller Ideen ins Blickfeld. Anders als die Vertreter der Neuen Mathematik kann Schreiber nicht einfach auf ausgewählte zentrale Begriffe eines vorgegebenen Theoriegebäudes rekurrieren, sondern muss anhand von Kriterien eine Auswahl begründen, die in Einklang mit seinen Vorstellungen von prozesshaftem Charakter und lebensweltlicher Verankerung des mathematischen Denkens stehen. Auffällig ist, dass SCHREIBER „Sinn" hier enger (nur auf die lebensweltliche Verankerung bezogen) auffasst, als anfangs erwähnt (Bezug zur „allgemeinen wissenschaftlichen Tätigkeit").

In der Arbeit von 1983 nimmt Schreiber eine Reorganisation seines Kataloges universeller Ideen vor. Er untergliedert dabei in *Prozeduren* (Exhaustion, Iteration, Reduktion, Abbildung, Algorithmus), *Eigenschaften* (Quantität, Kontinuität, Optimalität, Invarianz, Unendlichkeit) und *Komponenten von Begriffsbildungsprozessen* (Ideation, Abstraktion, Repräsentation, Raum, Einheit)[22].

Die von SCHREIBER vorgelegten universellen Ideen sind in der Mehrzahl auf einer relativ abstrakten Ebene angesiedelt und relativ weit von konkreten Unterrichtsgegenständen entfernt. In deutlicher Abgrenzung

---

[20] Vgl. Schreiber 1979, S. 166
[21] Schreiber 1983, S. 69
[22] Vgl. a.a.O., S. 70

zu den terminologischen Bestrebungen der Neuen Mathematik betont SCHREIBER, dass er in diesen Ideen zunächst Komponenten des Metawissens der Lehrenden sieht, die deren Bedeutung für konkrete Unterrichtseinheiten im Einzelnen sorgfältig zu überdenken hätten.

Zudem führt SCHREIBER mit besagten *zentralen Ideen* ein zweites Niveau fundamentaler Ideen ein. In der mit BENDER gemeinsam verfassten „Operativen Genese der Geometrie" beschreiben die beiden Autoren den Übergang von universellen Ideen zu zentralen Ideen als Prozess der „Repräsentation und Kombination universeller Ideen in bestimmten Teilgebieten"[23]. So nennen sie z.b. für die Geometrie die „Idee des starren Körpers" als Repräsentation der Invarianz, das „Messen" als Kombination von exhaustiven, algorithmischen und quantitativen Komponenten sowie verschiedene Repräsentationen der Idee der Optimalität im Bereich geometrischer Eigenschaften[24]. Sie betonen des Weiteren:

> „In der Genese eines einschlägigen Wissensgebietes ist das Verhältnis zwischen zentralen und universellen Ideen allerdings eher umgekehrt: Was in einer Teildisziplin und der Auffassung darüber, wie mit ihr umzugehen sei, als zentrale Idee gilt, hängt zwar außer vom Gegenstand der Disziplin von universellen Ideen ab; zu den universellen Ideen gelangt der Lernende aber zuallererst über die zentralen Ideen (aus verschiedenen Disziplinen), weil diese den jeweiligen konkreten Fachinhalten näher stehen"[25]

Hier und an anderer Stelle wird deutlich, dass BENDER/ SCHREIBER die Orientierung an universellen Ideen als Komponente eines genetischen Mathematikunterrichts auffassen, in dem gewissermaßen ein genetisches Primat der zentralen Ideen vor den universellen gilt.

Wir haben bereits gesehen, dass die Orientierung an universellen Ideen für SCHREIBER stets an eine prozesshafte Auffassung des mathematischen Wissens gebunden ist. In der „Operativen Genese der Geometrie" verdichten BENDER/ SCHREIBER diese prozesshafte Auffassung zu einer methodischen Konzeption eines genetischen Unterrichts, der folgenden Prinzipien folgen soll:

- *Genetisches Prinzip:* Die Entwicklung des Lehrgangs hat die faktische Genese sowohl des Wissens und Könnens der Schülerinnen und Schüler einerseits als auch die historische Entwicklung des

---

[23] Bender/ Schreiber 1985, S. 199
[24] Vgl. a.a.O., S. 200ff
[25] A.a.O., S. 199f

Gegenstandes andererseits zu berücksichtigen, in dem sie diese interpretierend aufnimmt und systematisiert.

– *Teleologisches Prinzip:* Der Ablauf eines genetischen Lehrgangs „ist ausdrücklich auf bestimmte Ziele hin auszurichten, insbesondere solche, die vom Lernenden als leitende Zweckvorstellungen anerkannt werden können"[26].

– *Prinzip der pragmatischen Ordnung:* Jeder Schritt innerhalb eines genetischen Lehrgangs „muß an einer Stelle erfolgen, wo nichts vorausgeht, was er erst leistet, und nichts vorausgesetzt wird, was durch ihn erst möglich wird"[27].

Mit dem teleologischen Prinzip schließen sich BENDER / SCHREIBER wiederum deutlich an WHITEHEAD an, der gefordert hatte, die grundlegenden Ideen müssten den Schülerinnen und Schülern unmittelbar nützlich und sinnhaft erscheinen. Das Prinzip der pragmatischen Ordnung möchten BENDER / SCHREIBER keineswegs als Plädoyer für einen deduktiv-axiomatisch imitierenden Unterricht (im Sinne der Neuen Mathematik) missverstanden wissen, vielmehr meinen sie, dass im genetischen Unterricht ebenso wie im systematisch orientierten Unterricht das Prinzip der pragmatischen Ordnung zu befolgen sei. Allerdings werde im genetischen Unterricht „die pragmatische Ordnung durch den Interpretationszusammenhang bestimmt" und liefere „daher ein mögliches Muster für mathematisierendes oder allgemeiner: theoriegewinnendes Vorgehen"[28].

In der „Operativen Genese der Geometrie" widmen sich die Autoren eingehender der zentralen Idee der Homogenität (als Form der Invarianz), sowie den universellen Ideen der Ideation und der Exhaustion. In einem kürzeren Überblick arbeiten sie als zentrale Ideen der Geometrie u.a. heraus: Idee des starren Körpers, Passen, Messen/ Messalgorithmen, Optimalität, Konstruktionen/ Konstruktionsalgorithmen[29]. In ihren Ausführungen zur Idee der Abbildung wird wiederum deutlich, dass sie hier die Auffassung der Meraner Reformer (funktionales Denken im Sinne des Studiums der Auswirkung der Veränderung, Bewegung und Verformung gewisser Teile auf andere Teile/ das Gesamte) teilen und eine strukturorientierte Abbildungsgeometrie ablehnen[30].

---

[26] Bender/ Schreiber 1985, S. 265
[27] A.a.O., S. 270
[28] A.a.O., S. 271
[29] Vgl. a.a.O., S. 200ff
[30] Vgl. a.a.O., S. 202

Im Zusammenhang mit der Zielvorstellung einer operativen Rekonstruktion der Geometrie entwickeln die Vorschläge zur Thematisierung universeller und zentraler Ideen eine hohe Konsistenz. Dennoch bleiben auch bei BENDER/ SCHREIBER Fragen offen. Neben der Frage des Explikationsniveaus, also der Frage, ob und in welcher konkreten Form im Unterricht über die Ideen nachzudenken sei, erscheinen einige der Bemerkungen zur Verankerung mathematischer Konzepte im alltäglichen Denken etwas zweckoptimistisch. Mit Blick auf die Exhaustion etwa wird ein sehr weiter Bogen gespannt von der alltäglichen Form des Messens einer Länge mit einem Metermaß bis hin zur Approximation einer Funktion durch die zugehörige Taylor-Reihe[31]. Hier muss man sich fragen, inwiefern die mit den beiden Exhaustionsprozessen verfolgten Ziele tatsächlich im Wesentlichen unverändert bleiben.

Erweiterung und Modifikation des Konzeptes durch Schweiger

In etwa zeitgleich zu den Arbeiten von SCHREIBER und BENDER/ SCHREIBER entwickelt FRITZ SCHWEIGER eine kriterienbezogene Definition grundlegender Ideen, die er in einer „geistesgeschichtlichen Studie" 1992 zu anderen in der Fachdidaktik bis dato entwickelten Ansätzen zu grundlegenden Ideen in Beziehung zu setzen sucht. Nach eigenem Bekunden ist SCHWEIGERs Ansatz ursprünglich in Unkenntnis der Arbeiten von BENDER/ SCHREIBER, VOLLRATH und JUNG entstanden. Als prägende Einflüsse erwähnt er FISCHER 1976 und die didaktische Phänomenologie von FREUDENTHAL[32].

Mit Blick auf Kriterien für – bei ihm nun wiederum als „fundamental" bezeichnete – Ideen führt SCHWEIGER aus:

> „Eine fundamentale Idee ist ein Bündel von Handlungen, Strategien oder Techniken, die
>
> (1) in der historischen Entwicklung der Mathematik aufzeigbar sind,
>
> (2) tragfähig erscheinen, curriculare Entwürfe vertikal zu gliedern,
>
> (3) als Ideen zur Frage, was ist Mathematik überhaupt, zum Sprechen über Mathematik, geeignet erscheinen,
>
> (4) den mathematischen Unterricht beweglicher und zugleich durchsichtiger machen können,

---

[31] Vgl. Bender/ Schreiber 1983, S. 343ff
[32] Vgl. Schweiger 1982, S. 100

(5) in Sprache und Denken des Alltags einen korrespondierenden sprachlichen oder handlungsmäßigen Archetyp besit-
zen.“[33]

SCHWEIGER greift damit zentrale Momente der Konzeption SCHREI-
BERs auf, fügt aber auch neue Punkte hinzu und akzentuiert stellen-
weise anders als SCHREIBER.

Nehmen wir SCHREIBERs zentrales Moment, den Nachweis von Universalität durch das Herstellen von Bezügen zum Alltagsdenken einerseits und die Interpretation von Mathematik im Zusammenhang der
allgemeinen wissenschaftlichen Tätigkeit andererseits, als Ausgangspunkt: Im ersten Punkt besteht eine große Übereinstimmung zwischen
beiden Konzepten. Mit dem Kriterium (5) findet sich bei SCHWEIGER
ein funktionales Äquivalent zu SCHREIBERs ,Sinn'-Kriterium. Die Aus-
differenzierung „einen korrespondierenden sprachlichen oder handlungsmäßigen Archetyp“[34] in Sprache und Denken des Alltags zu besit-
zen, verweist dabei auf zwei unterschiedliche Anknüpfungspunkte. So
haben Begriffe wie Ähnlichkeit, Funktion oder Wahrscheinlichkeit offenbar durchaus sprachliche Entsprechungen im Alltag, damit ist allerdings keineswegs gesagt, dass die mit ihnen in der Mathematik verbundenen Handlungen und Interpretationen den alltäglichen ohne weiteres entsprechen. Umgekehrt werden im Alltag übliche Handlungsmus-
ter vielfach in der Mathematik aufgegriffen, ohne dass die fachsprach-
liche Bezeichnung diesen Zusammenhang unbedingt zutreffend abbil-
den müsste. Zum Beispiel kennen wir in der Mathematik Brüche, Bruchzahlen bzw. rationale Zahlen. Hinter Brüchen stehen die alltäglichen
Vorstellungen der Anteils- und Verhältnisbildung. Die Bruchzahlen (als
Rechenzahlen) greifen aber allein auf die Anteilsvorstellung zurück (typische Fehler beruhen daher häufig auf der Verhältnisvorstellung). Das
Wort ,Bruch' bzw. ,Bruchzahl' enthält darauf keinen Hinweis. Die Bezeichnung „rationale Zahlen“ verweist mit dem Wortursprung ,ratio'
sogar eher auf die (für die Bruch*rechnung*) gerade nicht adäquate Verhältnisvorstellung bzw. auf die Vernunft und inwiefern Bruchrechnung
vernünftig ist, ist aus alltäglichen Kontexten zumindest nicht unmittelbar evident[35].

Die Interpretation von Mathematik im Zusammenhang der allgemeinen wissenschaftlichen Tätigkeit wird bei SCHWEIGER hingegen deutlich unterschiedlich zu SCHREIBER konzeptualisiert und gewichtet. Sie

---

[33] Schweiger 1992, S. 207; die selben Kriterien finden sich bereits in Schweiger 1982.
[34] A.a.O.
[35] Vgl. hierzu die ausführlichen Erläuterungen bei Führer 1998

ist implizit in den Kriterien (1), (2) und (3) angesprochen, allerdings bereits stärker auf die mögliche Bedeutung fundamentaler Ideen für den Mathematikunterricht zugeschnitten, SCHREIBER hatte hier noch stärker wissenschaftstheoretisch argumentiert. Das Kriterium (1) fasst die Universalität fundamentaler Ideen wissenschaftshistorisch, dieser Punkt ist so explizit ein Novum in der Diskussion um fundamentale Ideen, BRUNER hatte sich etwa noch sehr skeptisch zur Bedeutung mathematikhistorischer Bezüge für das Lernen von Mathematik geäußert[36].

Das Kriterium (2) hingegen stellt einen sehr direkten Rückgriff auf BRU-NERs Vorstellung eines Spiralcurriculums dar. Es lässt sich auch als eine enger auf pädagogische Probleme zugeschnittene Formulierung von SCHREIBERs ‚Weite'- und ‚Fülle'-Kriterien interpretieren. Mit Kriterium (3) wird schließlich die SCHREIBERsche Vorstellung einer Diskutierbarkeit von Mathematik als einer Form wissenschaftlicher Tätigkeit aufgegriffen. Die Vorstellung, dass grundlegende Ideen „den mathematischen Unterricht beweglicher und zugleich durchsichtiger machen können"[37]. (4) ist nun wieder ein direkter Rückgriff auf die Hoffnungen, die BRUNER mit einer Orientierung des Mathematikunterrichts auf fundamentale Ideen verbunden hatte.

Der Kriterienkatalog von SCHWEIGER ist – teilweise ergänzt um die ‚Weite'- und ‚Fülle'- Kriterien – in vielen Arbeiten seit Mitte der achtziger Jahre verwendet worden, u.a. von HUMENBERGER/ REICHEL, SCHUPP, FÜHRER und PESCHEK, sowie von SCHWILL für die Didaktik der Informatik[38].

Interessant – und für die weitere fachdidaktische Diskussion um grundlegende Ideen nicht unerheblich – ist, dass SCHWEIGER Ideen als „Bündel von Handlungen, Strategien und Techniken"[39] auffasst. Die Strukturen und Begriffe, bei BRUNER noch zentraler Bestandteil der Ideen, werden bei SCHWEIGER im Wesentlichen durch Prinzipien abgelöst. Auch universelle Eigenschaften, bei SCHREIBER ein wesentlicher Typus universeller Ideen, werden hier nicht erwähnt. Diese Beschränkung dürfte historisch als Akt der Abgrenzung gegen die Neue Mathematik verstanden werden, implizit enthalten SCHWEIGERs Kriterien sehr wohl begriffliche und strukturbezogene Komponenten. Dies wird klar,

---

[36] Vgl. Bruner 1973, S. 55
[37] Schweiger 1992, S. 207
[38] Vgl. Humenberger/ Reichel 1995, Schupp 1984, Führer 1997, Schwill 1993, Peschek 2005
[39] Schweiger 1992, S. 207

wenn man etwa PESCHEKs überaus treffende Deutung der „Bündel von Handlungen, Strategien und Techniken" als *Metakonzepte* in Rechnung stellt. PESCHEK führt aus, dass diese Metakonzepte „eher allgemein und umfassend zentrale Anliegen eines Themengebiets" charakterisierten, in dem sie etwas „über typische Frage- und Problemstellungen dieses Gebiets, über inner- wie außermathematische Anwendungsmöglichkeiten" aussagen und dadurch „einen sinnstiftenden Zusammenhang zwischen einzelnen Begriffen, Sätzen und Methoden des Themengebiets"[40] herstellen. Begriffe, Sätze und Methoden gehören also nach PESCHEKs Verständnis sehr wohl auch in SCHWEIGERs Konzept implizit zu den fundamentalen Ideen, allerdings vermeidet SCHWEIGER ihre explizite Nennung, um die Prozesse und Fragestellungen, in die sie eingebunden sind, in den Vordergrund zu stellen.

Durch diese Erläuterungen wird weiterhin deutlich, dass durch den Verzicht auf die ‚Weite'- und ‚Fülle'-Kriterien bei SCHWEIGER dessen fundamentale Ideen den zentralen Ideen SCHREIBERs näher stehen als den universellen Ideen. Dies lässt sich u.a. auch dadurch erklären, dass SCHWEIGER zunächst auf der Suche nach zentralen Ideen der Analysis war. SCHWEIGER und SCHREIBER eint hingegen, dass sie nicht nur auf zentrale Grundbegriffe einer Theorie Bezug nehmen, sondern nach Konzepten Ausschau halten, die den Prozess des mathematischen Erkenntnisgewinns leiten und vorantreiben. SCHWEIGERs Katalog fundamentaler Ideen (Linearisierung, Bifurkation, Ähnlichkeit, Stabilität, Unabhängigkeit von Störungen, Normalformen, typisches Verhalten, Kraft des Formalen[41]) verbleibt ähnlich wie der von BENDER / SCHREIBER auf relativ abstrakter Ebene. Auch SCHWEIGER gelangt ebenso wenig wie seine Vorgänger zu einem endgültigen Urteil darüber, wie stark derartige Ideen im tatsächlichen Mathematikunterricht zu explizieren sind.

Mit einer gewissen Resignation gesteht SCHWEIGER 1992 sogar die Unmöglichkeit ein, einen definitiven Katalog fundamentaler Ideen aufstellen zu können, und distanziert sich in diesem Punkt von den Forschungsprogrammen von JUNG 1978 und SCHREIBER. Zu unterschiedlich seien die bis dato vorgelegten Kataloge „sowohl was Inhalte als auch Systematik" betreffe, „ja sie drücken fast eine Hilflosigkeit gegenüber dem Phänomen Mathematik aus – was vielleicht Teil ihrer Faszination"[42] sei.

---

[40] Peschek 2005, S. 64f
[41] Vgl.Schweiger 1982, S. 106ff
[42] Schweiger 1992, S. 211

1.6 Ideen, Strategien und Muster (Tietze / Klika / Wolpers)

Leitideen, zentrale Mathematisierungsmuster und bereichsspezifische Strategien

Ebenfalls um den Jahrzehntwechsel 1970/1980 herum arbeiten UWE TIETZE, MANFRED KLIKA und HEINER WOLPERS im Rahmen ihrer Bemühungen um eine systematische Darstellung zur Didaktik des Mathematikunterrichts in der Sekundarstufe II ihren Ansatz zu fundamentalen Ideen aus. Ähnlich wie SCHREIBER sehen sie den prozess- und produktbezogenen Doppelcharakter mathematischen Wissens, allerdings unterscheidet sich die Art, wie sie mit diesem umgehen, erheblich von SCHREIBER und SCHWEIGER.

In der ersten Auflage ihres Werkes „Mathematikunterricht in der Sekundarstufe II"[1] beziehen sich die Autoren dabei noch ausschließlich auf BRUNER, der aktuellen Ausgabe ist eine systematische Darstellung von Konzeptionen grundlegender Ideen vorangestellt. Die Überlegungen der Autoren basieren dabei auf Vorarbeiten, die TIETZE für den Bereich der linearen Algebra und analytischen Geometrie angestellt hatte[2]. Das Besondere am Ansatz von TIETZE ist der Versuch, grundlegende Ideen induktiv aus den einzelnen Teilgebieten zu konstruieren, gewissermaßen ein konsequentes Bekenntnis TIETZEs für das auch bei SCHREIBER angedachte Primat bereichsspezifischer, zentraler Ideen vor den allgemeinen, universellen Ideen. TIETZE geht noch einen Schritt weiter und unterscheidet zusätzlich *Leitideen, bereichsspezifische Strategien* und *zentrale Mathematisierungsmuster*.

Unter *Leitideen* werden produktbezogene Ideen verstanden, d.h. für den Aufbau der mathematischen Theorie eines Teilgebietes grundlegende Begriffe und Sätze, ohne dass dies eine Beschränkung auf die BOURBAKIschen Mutterstrukturen und ihre Spezialisierungen bedeuten müsste. Allerdings räumt auch TIETZE ein: „Leitideen der wissenschaftlichen Mathematik können für die Schule ihren Anspruch nur erfüllen, wenn sie auch innerhalb der Schulmathematik eine Vielfalt von Phänomenen ordnen und inhaltlich verbinden sowie Anstöße geben"[3]. Diesen hauptsächlich auf Mathematik als Produkt bezogenen Leitideen werden die

---

[1] Tietze, Klika, Wolpers 1982
[2] Cgl. Tietze 1979
[3] Tietze/ Klika/ Wolpers 1997, S. 42; als Beispiele für Begriffe, die dies per se nicht tun werden u.a. Gruppe, Ring, Körper und Vektorraum genannt.

bereichsspezifischen Strategien als auf ein Teilgebiet konkretisierte „Strategien des Problemlösens, insbesondere des Beweisens, des Auffindens von Zusammenhängen und der Begriffsbildung"[4] gegenübergestellt, die den prozesshaften Charakter von Mathematik betonen sollen. Abgerundet werden soll das Konzept durch die *zentralen Mathematisierungsmuster*, die die Anwendungsorientierung in das Konzept integrieren. Damit sind einerseits „Mathematisierungssituationen in anwendenden Wissenschaften" gemeint, insofern ihre Vorbereitung in der Schule sinnvoll erscheint, andererseits die „Mathematisierung allgemeiner Erfahrungen [...] (z.B. Raum, Abstand, Richtung, Winkel, Ausdehnung, Orientierung)"[5].

Dabei wird bei TIETZE und in der Folge bei TIETZE/ KLIKA/ WOLPERS nicht ausgeschlossen, dass eine Idee durchaus Aspekte aller drei Kategorien in sich vereinen kann, gefordert wird es allerdings keineswegs. Genau an diesem Punkt setzt etwa SCHWEIGERs Kritik an TIETZE/ KLIKA/ WOLPERS an, der gerade diese Kombination der Aspekte für charakteristisch für eine grundlegende Idee hält. Nicht von der Hand zu weisen ist auch SCHWEIGERs Hinweis, dass TIETZE/ KLIKA/ WOLPERS mit der Auflistung ihrer Teilideen sehr nahe an die Kapitelüberschriften eines jeden guten Lehrbuchs heranrücken[6]. In der Tat kann man die Frage aufwerfen, welchen Sinn es macht, reelle Zahlen, Grenzwert-, Funktions- und Stetigkeitsbegriff, Ableitung und Integral explizit als Leitideen der Analysis zu betrachten. Ein Analysisunterricht ohne diese zentralen Begriffe als Produkte ist kaum denkbar. Die Frage, welche Prozesse zu ihnen führen und in welchen Prozessen sie wiederum eingesetzt werden können, ist dann aber deutlich stärker mit den bereichspezifischen Strategien oder den zentralen Mathematisierungsmustern verbunden, die in Beziehung zu diesen Begriffen stehen.

TIETZE/ KILKA/ WOLPERs haben sich zudem von der Vorstellung einer Handvoll bedeutender Ideen, die den Mathematikunterricht durchgängig strukturieren können, sehr weit entfernt: Allein die Auflistung zentraler Mathematisierungsmuster in der Analysis ist nahezu doppelt so umfangreich wie der Katalog universeller Ideen für den gesamten Mathematikunterricht bei SCHREIBER.

Insgesamt wirkt der Vorschlag, mit den Leitideen eine eigene Kategorie produktbezogener Ideen aufzunehmen halbherzig: Entweder man möchte hier auf zentrale Begriffe des Themengebiets aufmerksam ma-

---

[4] Tietze/ Klika / Wolpers 1997, S. 41
[5] A.a.O., S. 42
[6] Vgl. Knöss 1988, S. 21

chen (dann scheint der Topos ‚fundamentale Idee' etwas hoch gegriffen), oder aber man möchte auch diese Leitbegriffe in Verbindung zu den sie hervorbringenden Frage- und Problemstellungen und Kategorien des Alltagsverständnisses setzen (dann ist eine eigene Kategorie im Grunde genommen verzichtbar). Die fast schon enzyklopädisch anmutende Aufzählung von Teilideen widerspricht nicht zuletzt dem selbstgestellten Anspruch, Ordnung und Überblick über die Stoffgebiete zu erlangen. Sie wird indes verständlicher, wenn man sie vor dem Hintergrund des Ziels einer systematisierenden Darstellung zur Didaktik des Mathematikunterrichts der Oberstufe betrachtet: Um die Breite der vorgefundenen didaktischen Ansätze unter einen Hut zu bringen, blieb TIETZE/ KLIKA/ WOLPERS kaum etwas anderes übrig, als ihr Set grundlegender Ideen betont breit anzulegen.

Auch der von den Autoren ins Feld geführte Vorteil, dass die Unterscheidung der drei Aspekte und die präzisere Ausformulierung einzelner Teilideen deutlichere Hinweise darauf erlaube, „an welchen Inhalten eine grundlegende Idee am geeignetsten im Unterricht erarbeitet werden"[7] könne, ist ein zweischneidiges Schwert: Die Fülle der aufgezählten Teilideen erlaubt kaum größere Übersicht, die stets im Umfeld grundlegender Ideen angesprochene und gerade mit diesen Ideen zu bekämpfende Gefahr der Stoffisolation bleibt virulent.

Am Ende bleibt im Wesentlichen eine stärkere Betonung heuristischer und anwendungsbezogener Komponenten, die aber nicht notwendigerweise in organische Verbindung zu den ohnehin behandelten mathematischen Konzepten (Leitideen) gesetzt wird. Damit beinhaltet letztlich auch das Konzept von TIETZE/ KLIKA/ WOLPERS latent die Gefahr, eher zur Stoffvermehrung beizutragen, als die Probleme der Stofffülle und Stoffisolation in Angriff zu nehmen. Da Leitideen zudem den klassischen Inhalten deutlich näher stehen als bereichsspezifische Strategien und Mathematisierung, besteht auch bei diesem Konzept wiederum die Gefahr, dass es auf seine begrifflichen Komponenten reduziert wird.

Wenn Leitideen betonen heißt, zentrale Begriffen einen angemessenen Raum zu geben, ist dies wiederum sehr viel leichter zu realisieren, als die Inhalte auf ihren Beitrag zur Förderung strategischen Denkens und ihre anwendungsbezogene Bedeutung neu zu durchdenken und neu zu akzentuieren.

---

[7] Tietze/ Klika/ Wolpers 1997, S. 41

1.7 Ideen und kulturelle Kohärenz (Heymann)
Zur pragmatischen Wendung von Bildungs- und Ideenbegriff

Ab der zweiten Hälfte der achtziger Jahre erscheinen mit Ausnahme der zusammenfassenden Arbeit von SCHWEIGER 1992 keine weiteren konzeptionellen Arbeiten zum Thema ‚grundlegende Ideen'. Die Diskussion wird erst Mitte der neunziger Jahre in HANS WERNER HEYMANNs Habilitationsschrift „Allgemeinbildung und Mathematik" wieder aufgegriffen und findet über diese auch wieder Einzug in die Curriculumdiskussion[1] und die fachdidaktische Auseinandersetzung[2].

Hintergründe

HEYMANN greift in seiner Arbeit die in der Erziehungswissenschaft seit Ende der achtziger Jahre wieder aufflammende Diskussion um den Bildungsbegriff als erziehungswissenschaftliche Leitkategorie auf. Hatte man sich zuvor bemüht, den Bildungsbegriff durch Konzepte wie „Sozialisation", „Qualifikation" etc. zu ersetzen, so kam man in der Erziehungswissenschaft allmählich zu der Erkenntnis, dass diese Konzepte keinen hinreichenden Ersatz für den Bildungsbegriff darstellen[3]. HEYMANN versucht nun, durch eine analytische Trennung des Bildungsbegriffs vom Allgemeinbildungsbegriff, letzteren zu einer praktikablen Leitkategorie für schulisches Handeln herauszuschärfen. Während man *Bildung* als Antwort auf die philosophische Frage „Was macht das Menschsein des Menschen aus?"[4] verstehen könne, so müsse man *Allgemeinbildung* als Antwort auf die pragmatische Frage „Was sollen Kinder und Jugendliche an öffentlichen Schulen lernen?"[5] verstehen. Schulische Allgemeinbildung werde „so zur *Bedingung der Möglichkeit von Bildung* : Allgemeinbildung ist für den Einzelnen Voraussetzung vernünftiger Selbstverwirklichung; sie eröffnet ihm Zugänge zu allem Besonderen, auf das er sich einlassen, für das er sich einsetzen sollte, um ganz Mensch zu sein"[6].

---

[1] Heymann wirkte an den nordrhein-westfälischen Richtlinien und Lehrplänen für die Sekundarstufe I der Gesamtschule mit und auch die Richtlinien und Lehrpläne für die Sekundarstufe II stehen merklich unter dem Einfluss der Heymannschen Begrifflichkeiten.

[2] Vgl. exemplarisch Führer 1997

[3] Vgl. Heymann 1996, S. 14ff, sowie von Hentig 1996, S. 53ff

[4] Heymann 1996, S. 42

[5] A.a.O.

[6] A.a.O., S. 46

Ein hohes öffentliches Interesse und ein teilweise harsches Echo seitens der Mathematik und Mathematikdidaktik fand die bis in die Boulevardpresse hinein kolportierte, zugegebenermaßen arg verkürzte, bisweilen verfälschende Darstellung, HEYMANN wäre zu dem Schluss gekommen, dass das, was Mathematik zur Allgemeinbildung beitragen könne, üblicherweise innerhalb der ersten sieben Schuljahre gelehrt werde.

Tatsächlich hatte HEYMANN sich sehr kritisch zur Frage geäußert, inwiefern der in der Praxis vorfindbare Mathematikunterricht seinen allgemeinbildenden Aufgaben in hinreichendem Maße nachkomme. So heißt es etwa: „Der herkömmliche Mathematikunterricht an allgemeinbildenden Schulen wird weder absehbaren gesellschaftlichen Anforderungen noch den individuellen Bedürfnissen und Qualifikationsinteressen einer Mehrzahl der Heranwachsenden gerecht"[7]. Besondere Berücksichtigung in der öffentlichen und wissenschaftlichen Diskussion erlangten HEYMANNs Thesen nicht zuletzt durch die zeitlich wenig später angesiedelte Veröffentlichung der Ergebnisse von TIMSS; das mittelmäßige Abschneiden deutscher Schülerinnen und Schüler schien seine Vorwürfe auch empirisch zu untermauern. Nicht zuletzt diesem Umstand dürfte er seine prominente Rolle in der Überarbeitung der nordrhein-westfälischen Curricula zur verdanken gehabt haben.

Besonderes öffentliches Interesse fand HEYMANNs Vorschlag, bereits ab der achten Klasse den Mathematikunterricht nach Neigung der Schülerinnen und Schüler durch unterschiedliche Kurse zu differenzieren, teils fälschlicherweise kolportiert als „Sieben Jahre Mathe sind genug"[8]. Trotz aller Kritik und Schelte, die ihm dieser Vorschlag bisweilen auch von Seiten der Mathematikdidaktik eingebracht hat, ist HEYMANN andererseits mit seinen Überlegungen zur „Neuen Unterrichtskultur"[9] einer der wesentlichen Mitbegründer der seit Ende der neunziger Jahren in der Mathematikdidaktik aufkeimenden Bewegung Neue Lernkultur/ Neue Unterrichtskultur/ Neue Aufgabenkultur, die ebenfalls initiiert durch das schlechte Abschneiden bei TIMSS und später forciert durch PISA u.a. zur Auflage eines der größten Unterrichtsreform- und Lehrerfortbildungsprogramme seit den sechziger Jahren führte (SINUS) und bis heute eine zentrale Rolle in der Mathematikdidaktik spielt. Ich werde darauf im folgenden Abschnitt noch einmal zurückkommen, zunächst soll es aber um HEYMANNs Konzept zentraler Ideen gehen.

---

[7] Heymann 1996, S.8
[8] Schlagzeile der WAZ vom 06.10.2005
[9] Vgl. Heymann 1996, S. 262

Zentrale Ideen nach Heymann

HEYMANN widmet sich Konzeptionen grundlegender Ideen im Rahmen seiner Erörterung zur allgemeinbildenden Aufgabe „Stiftung kultureller Kohärenz". Kulturelle Kohärenz wird dabei sowohl als diachron (im Sinne von „Kontinuität") als auch als synchron (kulturelle Bedingtheit des Wissens und Eingebundenheit der Fachkulturen in die Gesamtkultur) aufgefasst. Zentrale Aufgabe der allgemeinbildenden Schule sei es demnach, zum Aufbau einer reflektierten kulturellen Identität beizutragen dadurch dass sich die Heranwachsenden als Teil einer Kultur (mit ihren Licht- und Schattenseiten) erleben, Verbindendes über die Grenzen von Teil-, Sub- und Fachkulturen erkennen und die Andersartigkeit anderer Kulturen als prinzipiell gleichberechtigte Daseinsform anerkennen könnten[10]. Für den Mathematikunterricht erwächst daraus die Forderung, Mathematik in ihrer Verbindung zur Gesamtkultur, ihren spezifischen Beschränkungen und ihres historischen Werdens und Gewordenseins erfahrbar zu machen.

Bezüglich des historischen Werdens und Gewordenseins, also des diachronen Aspekts, trennt HEYMANN sehr klar zwischen der Tradierung der mathematischen Alltagskultur, der schulmathematischen Kontinuität und möglichen Beiträgen der Schule zur Kontinuität der Wissenschaft Mathematik[11]. Den synchronen Aspekt sieht er hingegen allgemein in der Diskussion um die Orientierung des Mathematikunterrichts an grundlegenden Ideen aufgehoben. HEYMANN vollzieht diese Diskussion dabei ausgehend von einem Exkurs zu den kulturübergreifenden mathematischen Basisaktivitäten nach BISHOP ausführlich anhand der Überlegungen WHITEHEADS, WITTENBERGS, BRUNERs und seiner Rezeption durch die Neue Mathematik nach und ergänzt dies durch eine tabellarische Synopse jüngerer mathematikdidaktischer Arbeiten mit kurzem Kommentar.

Die jüngere fachdidaktische Diskussion fasst er in drei Motiven zusammen:

(1) Vorbeugung bzw. Verhinderung von Stofffülle und Stoffisolation

(2) Entwicklung eines angemessenen Mathematikbildes

(3) Erfassen von Zusammenhängen der unterrichteten Mathematik mit der übrigen, von den Schülerinnen und Schülern erfahrbaren Welt und ihrem alltäglichen Denken.[12]

---

[10] Vgl. Heymann 1996, S. 74
[11] Vgl. a.a.O., S. 155ff
[12] A.a.O., S. 168

Er kommt dabei zu dem Schluss, dass für die „Frage, wie schulischer Mathematikunterricht kulturelle Kohärenz stiften kann, vor allem Motiv (3) von Bedeutung" sei. Diese Einschätzung verweist sehr deutlich auf zwei reduktionistische Tendenzen, die HEYMANNs Konzept aufweist. Vergleicht man HEYMANNs Motive mit SCHREIBERs Überlegungen zum „Sinn" mathematischen Arbeitens und Denkens im weiteren und im engeren Sinn, so ist HEYMANNs Einschätzung eine Verengung bezüglich des ‚Sinn'-Kriteriums im weiteren Sinne, da die Auffassung von Mathematik als Teil einer allgemeinen wissenschaftlichen Tätigkeit am ehesten in Kriterium (2) aufgehoben wäre. Selbst gegenüber SCHREIBERs Sinn-Kriterium im engeren Sinne liegt eine Reduktion vor: Der Zusammenhang zwischen Mathematik und übriger erfahrbarer Welt ist hier eher einkanalig im Sinne der Anwendbarkeit von Mathematik, ihrer „Bedeutung und Funktion für die Gestaltung und Erkenntnis der Welt"[13] aufgefasst, bei SCHREIBER und besonders deutlich bei SCHWEIGER geht es hingegen auch und gerade um die Bedeutung des alltäglichen Verständnisses und dessen Spuren im mathematischen Denken für das Lernen von Mathematik an sich.

Zudem zeichnet sich bereits an dieser Stelle ein gewisser traditionalistischer Spin HEYMANNs ab, hatte er beim diachronen Aspekt noch säuberlich zwischen alltäglicher Mathematik, Schulmathematik und wissenschaftlicher Mathematik unterschieden und diese in ihrer jeweiligen Bedeutung dargelegt, beschränken sich die Überlegungen hier im Kern auf „unterrichtete Mathematik"[14], die hinsichtlich ihrer Bedeutung zu untersuchen sei. Wenn man zudem Motiv (1) als wenig bedeutsam einstuft, verliert das Konzept zentraler Ideen jene emanzipatorische Kraft gegenüber der Schulmathematik, die u.a. in den Arbeiten FISCHERs herausgehoben wurde.

Dies lässt sich teilweise auch an dem von HEYMANN aufgestellten Katalog zentraler Ideen ablesen: Zahl, Messen, räumliche Strukturierung, funktionaler Zusammenhang, Algorithmus, mathematisches Modellieren. Betrachtet man diesen Katalog, so wird deutlich, dass auch HEYMANN sich nicht zu einer einheitlichen Auffassung von Ideen durchringen konnte: Wir finden ebensoviel Tätigkeiten (Messen, Modellieren), wie curricular relativ stark verankerte Begriffe (Zahl, funktionaler Zusammenhang), wie auch curricular weniger stark verankerte Begriffe (räumliche Strukturierung, Algorithmus). Alle zentralen Ideen HEYMANNs haben weit weniger logische Allgemeinheit als SCHREIBERs ver-

---

[13] Heymann 1996, S. 168
[14] A.a.O.

gleichsweise abstrakte universelle Ideen. Sie sind in weiten Teilen deutlich pragmatischer auf das zugeschnitten, was ohnehin in der Schule verhandelt wird, und verweisen mit Ausnahme von Algorithmus und mathematischem Modellieren in ihrem Kern auch auf relativ parzellierte Lernbereiche[15]:

- Zahl: Arithmetik

- Messen: Messende Geometrie

- Räumliche Strukturierung: synthetische (besonders räumliche) Geometrie

- funktionaler Zusammenhang: Algebra und Funktionen

HEYMANN selbst betont, dass für die Bedeutung zentraler Ideen in seinem Konzept die Frage der innerfachlichen Kohärenz, also des Zusammenhang verschiedener mathematischer Teilgebiete, nur von nachrangiger Bedeutung ist. Die von ihm vorgeschlagenen sachübergreifenden Ideen Algorithmus und Modellieren wirken entsprechend auch eher als Kompromiss zwischen Schulwirklichkeit und fachdidaktischen Tendenzen: Die Idee des Algorithmus verweist auf traditionelle Stärken des deutschen Mathematikunterrichts (die bekanntermaßen in der Beherrschung von Algorithmen und Standardverfahren liegen), ‚Modellieren' verweist auf die seit den achtziger Jahren in der Fachdidaktik populärer werdende Anwendungsorientierung.

Das Modellieren wird dabei in mehrfacher Hinsicht besonders deutlich hervorgehoben: Jede der anderen von HEYMANN genannten Ideen betont ohnehin schon deren modellbildenden Charakter als Bindeglied zwischen Mathematik und übriger erfahrbarer Welt. Zusätzlich kommt HEYMANN im Abschnitt zur „Weltorientierung"[16] noch einmal ausführlich auf das Modellieren zurück. Nicht zuletzt stellt Modellieren als zentrale Idee ein gewisses Novum dar: Es findet sich nicht in der HEYMANNschen Synopse fachdidaktischer Konzeptionen und es wird im fachdidaktischen Jargon eher den allgemeinen Lernzielen oder prozessbezogenen Kompetenzen zugeordnet als den grundlegenden Ideen. Das wirft die Frage auf, warum nicht auch andere prozessbezogene Kompetenzen – etwa das Beweisen – eine zentrale Idee im Sinne HEYMANNs sind. In seiner charakteristischen Bedeutung für das mathematische Denken und Arbeiten ist das Beweisen keineswegs weniger

---

[15] ‚Zahl' und ‚Messen' mögen allgemein durchaus nicht auf einzelne Lernbereiche beschränkt sein, in der Lesart Heymanns sind sie es im Kern aber, wenn man sich seine Erläuterungen zu diesen Ideen näher ansieht, vgl. Heymann 1996, S. 174ff.

[16] Vgl. Heymann 1996, S. 183ff

bedeutsam als algorithmisches Arbeiten oder Modellieren. Allerdings ist Beweisen eine Aktivität, die gerade nicht vom Zusammenspiel zwischen Mathematik und Rest der Welt lebt.

Auch hier spüren wir HEYMANNs Beschränkung zentraler Ideen vor allem auf deren Charakter als „‚Schnittstellen' zwischen Mathematik und Gesamtkultur"[17]. Diese Reduktion wird verständlicher, wenn man sie vor dem Hintergrund seiner in weiten Teilen skeptischen Grundhaltung zur Mathematik als ‚Schule des Denkens'[18] sieht, die er an anderer Stelle seines Werkes ausführt. So äußert sich HEYMANN skeptisch zur Bildungsrelevanz dieses Aspektes im Rahmen des „kritischen Vernunftgebrauchs"[19]: Mathematik könne zwar genutzt werden, um scharfsinniges Denken zu schulen, solle der Scharfsinn aber nicht nur mathematischer Natur sein, müsse eben wieder Anwendungsbezug her[20]. Im selben Abschnitt präsentiert er die Differenz- und Kontinuitätsannahme (Besteht eine Kontinuität zwischen alltäglichem und mathematischen Denken oder handelt es sich um disparate Sphären?), hier ergreift er Partei für einen Mathematikunterricht, der sich im Wesentlichen der Kontinuitätsannahme anschließt und demgemäß Mathematik als „Verstärker des Alltagsdenkens"[21] zu unterrichten habe.

Hier nun wiederum ist die Mathematikdidaktik durchaus nicht einhellig auf HEYMANNs Seite, u.a. wären hier das alternative Allgemeinbildungskonzept von WINTER zu nennen, dass Mathematik als Welt eigengesetzlichen Denkens einen höheren Stellenwert einräumt[22], die Überlegungen FISCHERs zur höheren Allgemeinbildung[23] wären anzuführen, welche der Kommunikationsfähigkeit der mathematisch gebildeten Laien mit den Experten große Bedeutung beimisst; nicht zuletzt wären die Arbeiten von PESCHEK und LENGNINK zum Verhältnis mathematischen und alltäglichen Denkens zu nennen[24], die Brücken und Brüchen zwischen alltäglichem und mathematischen Denken eine gleichberechtigte Rolle für den Bildungswert des Faches und das Lernen von Mathematik einräumen.

---

[17] Heymann 1996, S. 159
[18] Vgl. Abschnitt 1.2
[19] Heymann 1996, S. 104
[20] Vgl. a.a.O., S. 248. Dies ist natürlich eine pointierte Verkürzung der fast fünfzigseitigen Darlegung der Problematik.
[21] Vgl. a.a.O., S. 229
[22] Vgl. die Anmerkungen zu Winter in Abschnitt 1.3.
[23] Vgl. Fischer o.J.
[24] Vgl. exemplarisch Lengnink 2001, Peschek 2001

Hohe Passung besteht hingegen zwischen HEYMANNs Mathematikauffassung und der Vorstellung von ‚mathematical literacy', die seit PISA
in aller Munde ist.

Auffallend zurückhaltend ist auch HEYMANNs Würdigung der Arbeiten WAGENSCHEINs und der prozesshaften Auffassung von Mathematik im Allgemeinen[25], die mit Ausnahme von BRUNERs Rezeption in der
Neuen Mathematik für alle hier bislang dargestellten Konzepte grundlegender Ideen von entscheidender Bedeutung ist. Sie findet keinen integralen Anteil in HEYMANNs Konzeption zentraler Ideen. Dass auch
HEYMANN Ansätzen genetischen Lehrens und Lernens positiv gegen-
übersteht, soll damit nicht bestritten werden. Bei ihm erwachsen da-
hingehende Überlegungen aber eher aus den personalen und sozialen
Komponenten des Allgemeinbildungsbegriffs, die seine „Neue Unterrichtskultur"[26] tragen. Die Bedeutung der genetischen Auffassung des
mathematischen Wissens für das Verständnis und die Akzeptanz der
grundlegenden mathematischen Konzepte bzw. Ideen an sich, die FI-
SCHER in den Vordergrund stellt, spielt bei HEYMANN aber so gut wie
keine Rolle.

Damit hat HEYMANN neben dem Bildungsbegriff auch die Vorstellung
grundlegender Ideen erheblich pragmatisiert: Orientierung an zentralen Ideen bedeutet bei HEYMANN im Kern, eine Handvoll curricular
etablierter mathematischer Konzepte in ihrer Bedeutung für die (außermathematische) Anwendbarkeit von Mathematik erfahrbar werden zu
lassen oder sie jedenfalls als verschärfte Form alltäglicher Herangehens-
weisen herauszuarbeiten. Unbestritten hat diese Position auch ihre Vor-
teile, da sie ideologische Überfrachtungen älterer Konzepte radikal zu-
rückschneidet und das Konzept einfacher handhabbar macht, aufgrund
der Tatsache, dass etwa die zitierten Ideen deutlich näher an konkreten
fachlichen Inhalten liegen als etwa bei SCHREIBER. Gleichzeitig trans-
portiert das Konzept jedoch eine verengte Mathematikauffassung, die
traditionalistische Züge trägt (in ihrer latenten Orientierung auf das ohnehin in der Schule Unterrichtete) und den eigentümlichen, charakteristischen Zügen mathematischen Denkens und Arbeitens und deren Bedeutung für den Bildungswert des Faches betont skeptisch gegenüber
steht.

---

[25] Vgl. Heymann 1996, S. 233f
[26] A.a.O., S. 262

1.8 Ideen und Standards (KMK)

Curriculumrevision unter der Ägide der Outputorientierung

Mit den ‚Leitideen' der Ende 2003 von der KMK verabschiedeten Bildungsstandards für das Fach Mathematik[1] setzen sich die in den Konzepten von TIETZE / KLIKA / WOLPERS und HEYMANN jeweils unterschiedlich ausgeprägten Tendenzen der Pragmatisierung grundlegender Ideen fort. Obschon kein curricularer Entwurf in der Geschichte der Bundesrepublik Deutschland jemals grundlegenden Ideen eine prominentere Rolle zugewiesen hat, muss – wie wir sehen werden – fraglich bleiben, inwieweit dies tatsächlich eine stärkere Orientierung des Mathematikunterrichts an grundlegenden Ideen zur Folge haben wird. Die Problematik ist dabei so eng mit einigen grundlegenden Problemen der Bildungsstandards verknüpft, dass dies eine ausführliche Darstellung der Hintergründe rechtfertigt.

Hintergründe

Die von der KMK erlassenen Bildungsstandards sind als direkte Reaktion auf das als unbefriedigend empfundene Abschneiden deutscher Schülerinnen und Schüler bei PISA zu verstehen. Da viele Länder, die bei PISA besser abgeschnitten haben als Deutschland, outputorientierte Standards implementiert haben, wird als ein Weg zur Verbesserung des deutschen Mathematikunterrichts die Umstellung des deutschen Bildungssystems weg von inputorientierten Lehrplänen hin zu outputorientierten Bildungsstandards angesehen. In ebendiesem Wechsel zur Output- oder Outcome-Orientierung sieht die KMK den wesentlichen, mit den Bildungsstandards verbundenen Paradigmenwechsel[2]. Kritisch muss hier angemerkt werden, dass sich die KMK mit dieser Argumentation einer in der Bildungspolitik nicht ungewöhnlichen „Bauchladen-Mentalität" zur Erklärung der PISA-Ergebnisse bedient, welche insbesondere durch BENDER[3] von Seiten der Mathematikdidaktik, aber auch von BRÜGELMANN[4] von Seiten der allgemeinen Didaktik scharf kritisiert wird: Man greift einen der vielen möglichen Erklärungsfaktoren für die unterschiedlichen PISA-Ergebnisse heraus, der positiv mit den Testergebnissen korreliert, und neigt dazu, diesen Erklärungs-

---

[1] Vgl. für den mittleren Schulabschluss KMK 2004, für die Hauptschule KMK 2005
[2] Vgl. KMK 2006, S. 6
[3] Vgl. Bender 2003
[4] Vgl. Brügelmann 2004

faktor zu verabsolutieren und somit zum alleinigen oder hauptsächlichen Ansatzpunkt der notwendigen Reformmaßnahmen hoch zu stilisieren.

Dabei ist bereits der Begriff Bildungsstandards eine rein deutsche Wortschöpfung: Es gibt gar kein Äquivalent zum Bildungsbegriff im angelsächsischen Raum, aus dem die Idee outputorientierter Standards maßgeblich stammt und die eher pragmatische Curriculum-Tradition des angelsächsischen Raumes ist nicht unbedingt kompatibel mit der philosophischen Tradition, die man gemeinhin mit dem Bildungsbegriff verknüpft.

Diesen inneren Widerspruch durchaus würdigend betont die KMK explizit, dass eine pragmatische Reduktion auf die in den Standards festgelegten Leistungskriterien nicht mit dem Bildungsauftrag von Schule vereinbar wäre: „Schulqualität ist aber selbstverständlich mehr als das Messen von Schülerleistungen anhand von Standards. Der Auftrag der schulischen Bildung geht weit über die funktionalen Ansprüche von Bildungsstandards hinaus."[5] Bildung soll also nicht allein auf (Test-)Leistung reduziert werden. Dass der Schwerpunkt der aktuellen Reformbestrebungen aber auf Tests und Leistungsfeststellung liegt, ist offensichtlich: Mit Blick auf die allgemeinen Bildungsziele verweist die KMK auf KMK-Vereinbarungen von 1973. Hier wird offenbar kaum Notwendigkeit zu Neubesinnung gesehen. Standards hingegen sollen sich lediglich auf „Kernbereiche eines bestimmten Faches" beziehen. „Sie decken nicht die ganze Breite eines Lernbereiches ab, sondern formulieren fachliche und fachübergreifende Basisqualifikationen, die für die weitere schulische und berufliche Ausbildung von Bedeutung sind und die anschlussfähiges Lernen ermöglichen."[6]

Die KMK verortet ihre Standards im internationalen Vergleich als Mischform zwischen *Outputstandards* und *Inhaltsstandards*. Mit der Outputorientierung schließt sie sich dem sogenannten „Klieme"-Gutachten an, welches ursprünglich vom Bundesbildungsministerium in Auftrag gegeben wurde. Hier heißt es: „Die Bildungsstandards legen fest, welche Kompetenzen die Kinder oder Jugendlichen bis zum Ende einer bestimmten Jahrgangsstufe mindestens erworben haben sollen. Die Kompetenzen werden so konkret beschrieben, dass sie in Aufgabenstellungen umgesetzt und prinzipiell mit Hilfe von Testverfahren erfasst werden können"[7]. Dieses Gutachten spricht sich also für die Einführung

---

[5] KMK 2006, S. 6
[6] A.a.O., S. 7
[7] Klieme 2003, S. 4

von *Outputstandards* aus, die festlegen sollen, über welches Kompetenz-niveau Schülerinnen und Schüler am Ende eines Bildungsganges nach-weislich verfügen. Nachweislich bedeutet dabei im Kern, dass die Kom-petenzen bzw. Leistungen der Schülerinnen und Schüler durch zentra-le, standardisierte Tests zu erheben sein müssen. Die KMK betont mit Blick auf die Doppelrolle der Standards ergänzend, dass durch diese klar werden müsse, „welche Kompetenzen die Schülerinnen und Schü-ler bis zu einer bestimmten Jahrgangsstufe an wesentlichen Inhalten er-worben haben sollen"[8]. Der angekündigte Paradigmenwechsel wird al-so nicht vollständig vollzogen, die Bildungsstandards sollen neben dem „outcome" auch „wesentliche Inhalte" festlegen. Zudem hat sich die KMK entgegen den KLIEME-Empfehlungen für Regelstandards und ge-gen Mindeststandards entschieden.

Ausdrücklich betont die KMK allerdings, dass die Bildungsstandards nicht als „Standards für Lehr- und Lernbedingungen"[9] konzipiert sind, im Gegenteil: Die Standards sollen schulische Lehr- und Lernprozes-se gerade nicht standardisieren, sie sollen Freiräume für die methodi-sche Gestaltung eröffnen, gleichzeitig wächst die „Eigenverantwortung der Schulen, z.B. im Bereich von Unterrichtsplanung, Personaleinsatz und –auswahl oder in der Gestaltung von Integrations- und Förder-maßnahmen"[10]. Hierin unterscheiden sich die Bildungsstandards also maßgeblich von der Lernzielorientierung der siebziger Jahre: Klar fest-gelegt werden sollen ausschließlich die Kompetenzerwartungen (out-come), Inhalte werden nur im Kernbereich festgelegt und methodische Entscheidungen werden ausgeblendet bzw. in die Verantwortung von Einzelschule und Lehrerinnen und Lehrer gelegt.

An dieser Stelle muss auf naheliegende, bislang in der Mathematikdi-daktik kaum thematisierte Diskrepanzen zwischen dem so definierten ‚outcome'- bzw. Leistungsbegriff und der ansonsten in der Mathematik-didaktik angestrebten sogenannten ‚Neuen Lernkultur' deutlich hinge-wiesen werden: Zentrale Tests bestimmen die Qualität von Unterricht und Lernprozessen von deren Endpunkt her: Das, was als messbare-res Ergebnis am Ende des Bildungsganges an Kenntnissen, Fähigkeiten und Fertigkeiten bei den Schülerinnen und Schülern übrig bleibt, also die *Lernprodukte* bestimmen die Einhaltung oder Nichteinhaltung der Standards.

---

[8] KMK 2006, S. 9
[9] A.a.O., S. 8f
[10] A.a.O., S. 11

Die Neue Lernkultur hingegen definiert die Qualität von Unterricht in erster Linie durch die (normativ gefasste) Qualität der Lern*prozesse*.

Diskrepanz zwischen Prozess- und Produktorientierung in den Standards

Diesen Konflikt werde ich im Folgenden genauer beleuchten, denn er ist entscheidend für das Verständnis der kritischen Diskussion zur Rolle der Leitideen in den Bildungsstandards.

Standardisierte Tests müssen Kompetenzen klar voneinander abgrenzen. Sie müssen Kompetenzen in Aufgaben zu ihrer Überprüfung operationalisieren, wobei möglichst klar sein muss, welche identifizierbare Einzelkompetenz bei einer Aufgabe über Erfolg oder Misserfolg entscheidet. Mathematische Kompetenz (und damit letztlich auch mathematisches Wissen) muss dazu tendenziell als Summe einer Vielzahl von isolierbaren Teilkompetenzen (Wissensinseln) aufgefasst werden. Die Neue Lernkultur neigt hingegen im Anschluss an konstruktivistische Vorstellungen zu einer hochgradig vernetzten Auffassung von Wissen. Sie bevorzugt solche Aufgaben, in denen möglichst viele, unterschiedliche Fähigkeiten und Fertigkeiten auf unterschiedlichen kognitiven Niveaus angesprochen werden.

In standardisierten Tests gibt es nur richtig oder falsch und entscheidend ist, was und wie viel richtig ist. Mathematisches Wissen muss als objektivierbar aufgefasst werden. Die Neue Lernkultur ist hingegen aufgeschlossen für Fehler, die als Lernmöglichkeiten angesehen werden sollen. Sie neigt zu einer relativierenden, subjektorientierten und sozial bedingten Auffassung von Mathematik: Mathematik ist nicht einfach richtig oder falsch, sondern für die Bewältigung von Problemen mehr oder weniger gut geeignet. Wie geeignet die Mathematik ist, ist Gegenstand sozialer Aushandlungsprozesse.

Die beiden Positionen stehen sich teilweise konträr gegenüber. Die Gefahr besteht nun darin, dass die politisch erwünschte Sicherung eines überprüfbaren Outputs im Zuge der angedachten Leistungskontrollinstrumente die von fachdidaktischer Seite erwünschte Veränderung der Unterrichtskultur im Mathematikunterricht marginalisiert bzw. konterkariert. Leistungstests, die überwiegend in standardisierter Form Schülerleistungen testen, bergen m.E. die Gefahr, nur sehr verkürzt ebenjene prozessbezogenen Kompetenzen anzusprechen, die wesentlicher

Kern der Bemühungen zur Reform der Unterrichtskultur sind[11]. Erste Evidenz für diese These liefert die Diskussion um das ‚teaching to the test'-Phänomen: Mit den Bildungsstandards will man Lehrerinnen und Lehrern von bildungspolitischer Seite gerade nicht mehr dezidiert vorschreiben, welche Inhalte sie im Einzelnen unterrichten sollen, man will nur noch Kernbereiche des Faches festlegen. Insbesondere sollen die Bildungsstandards nicht als Verordnung bestimmter Unterrichtsdesigns gelten. Die Neue Lernkultur bezieht ihre wesentlichen Reformziele hingegen charakteristischerweise gerade auf die Formen, wie Mathematik zu unterrichten sei. Bildungsstandards können mit ihren Testaufgaben offenbar nicht (oder jedenfalls nicht ausschließlich) sicherstellen, dass Unterricht im Sinne der „Neuen Lernkultur" organisiert wird, denn sonst gäbe es das ‚teaching to the test'-Problem gar nicht: Die Bearbeitung von Testaufgaben wäre dann ja einerseits eine optimale Vorbereitung auf die Tests und andererseits Garant der Neuen Lernkultur. Da die Diskrepanz aber virulent ist, gibt es das ‚teaching to the test'-Problem.

Auf das Problem wird in unterschiedlicher Weise reagiert: BÜCHTER/LEUDERS meinen, „Standards für das Leisten" bräuchten „Aufgaben für das Lernen"[12]. Bei der Aufgabenentwicklung habe man sich also stets bewusst zu machen, ob eine Aufgabe für die Überprüfung eines Lernergebnisses benutzt werden solle oder zur Förderung eines Lernprozesses. Diese Position nimmt den Unterschied zwischen Lern- und Leistungskultur als bedeutsam für die Aufgaben wahr, löst das Problem aber nicht auf: Warum sollte man sich im Unterricht mit Aufgaben beschäftigen, die Kompetenzen ansprechen, die bei der Überprüfung letztlich nicht adäquat abgebildet werden können? FÜHRER hat die zu Grunde liegende Paradoxie am Beispiel des unterschiedlichen Umgangs mit Schülerfehlern in Lern- und Leistungssituationen deutlich herausgearbeitet:

> „Der ach so ‚fehlerfreundliche' Unterricht ist demnach auf Lernsituationen zu beschränken, denn in Leistungssituationen kommt es – Konstruktivismus hin, Konstruktivismus her – darauf an, dass

---

[11] Dies ist zunächst einmal eine Hypothese. Sie wird im weiteren Verlauf dieses Abschnitts, sowie in der Darstellung des Analysebeispiels 2 im zweiten Kapitel auch konkret aufgabenbezogen aufgegriffen und mit zusätzlicher Evidenz versehen. Leitender Gedanke dieser Arbeit ist die Suche nach produktiven Aufgabenstellungen für den Mathematikunterricht. Die Frage, wie gute Testaufgaben aussehen, bzw. inwieweit die Mathematikdidaktik hier einen ausreichenden Standard erreicht hat, soll in dieser Arbeit nicht grundsätzlich angegangen werden, sondern nur dort, wo Testinteressen und Unterrichtsinteressen offenkundig einander entgegenlaufen.

[12] Büchter/Leuders 2005, S. 40

alles stimmt, und falls nicht, wie viel stimmt. Fehler sind in diesem Mathematikunterricht, wie früher auch schon, Unkraut, das auf Lernwegen hübsch blühen darf, auf eigenen und auf gemeinsamen. Aber am Ende, wenn's ,richtig drauf ankommt', dann erscheint Mathematik wieder als Hort ewiger Wahrheiten und Testerfolg als Tugend. Der Irrende, eben noch zum kreativen Probieren, zum Denken ins Unreine und zu spielerischer Heuristik angefeuert, soll bis zur nächsten Leistungskontrolle (lokal) geläutert sein.“[13]

Es leuchtet ein, dass dieses Problem nicht auf den Umgang mit Schülerfehlern beschränkt ist, sondern so oder ähnlich auf nahezu alle prozessbezogenen Kompetenzen übertragbar ist, die für die Neue Lernkultur charakteristisch sind, die Eingang in die Bildungsstandards gefunden haben, die aber gleichzeitig immer nur in sehr eingeschränktem Maße Eingang in standardisierte Tests finden können[14]. Es ist allgemein fraglich, ob sich ,prozessbezogene Kompetenzen'[15] vollständig in Aufgaben materialisieren lassen: prozessbezogen heißt nicht zuletzt auf den Lernprozess bezogen, dieser wird aber in den Bildungsstandards zugunsten der Kontrolle der Lernergebnisse ausgeblendet: Ansprüche an Unterricht ergeben sich allenfalls mittelbar; alles, was sich nicht in konkrete, in Aufgabenstellungen ummünzbare Anforderungen konkretisieren lässt, die prinzipiell durch Tests abgeprüft werden können, soll im Prinzip auch nicht Gegenstand der Standards sein. Dies schränkt die nominell enorm gewachsenen Bedeutung der prozessbezogenen bzw. allgemeinen mathematischen Kompetenzen aber erheblich ein: Dort wo diese eher weich sind, d.h. nicht ohne weiteres durch Tests messbar, sind sie in den Standards genauso gut Lippenbekenntnis wie in jedem inputorientierten Lehrplan zuvor.

---

[13] Führer 2004b, S. 181f

[14] Von „Problemlösen" kann laut Standards bereits gesprochen werden, wenn Schülerinnen und Schüler sich bei einer Routineaufgabe „zu helfen wissen"(KMK 2004, S. 14); „Kommunizieren" setzt im engeren Sinne einen Kommunikationspartner voraus, den es in der Testsituation nicht gibt, und die Probleme, wie schwer es ist, echte „Modellierungsaufgaben" in standardisierte Test zu integrieren, ist bereits den Durchführenden der PISA-Studie bewusst geworden (Vgl. Lind u.a. 2005). Auch Heymann betont, dass sich „weichere" prozessbezogene Kompetenzen wie die des „Argumentierens, Modellierens, Entwickelns einer Vielfalt von Lösungen zu offenen Aufgaben" nur schwer messen lassen und die Gefahr besteht, dass sich „weniger kreative Lehrer" daher auf die „harten" inhaltsbezogenen Kompetenzen der Standards konzentrieren könnten, vgl. Heymann 2005, S. 40.

[15] Bzw. „allgemeine mathematische Komepetenzen", wie es in den Bildungsstandards heißt.

Eine andere Position zum Problem der Differenz von Lern- und Leistungskontrollkultur wird u.a. von BLUM vertreten. Sie besteht darin, dieses Problem als weniger gewichtig einzuschätzen. Man findet sich damit ab, dass die Testaufgaben nicht völlig mit dem Charakter „guter Aufgaben" gemäß der Neuen Unterrichtskultur übereinstimmen bzw. als solche noch keinen guten Unterricht ausmachen, stellt aber gleichzeitig fest, dass mit den Testaufgaben „ein deutlich breiteres Aufgabenspektrum als bisher üblich überhaupt einmal in den Unterricht kommt"[16]. Insofern müsse man zwischen Test- und Lernaufgaben auch nicht strikt trennen, sondern könne Testaufgaben durchaus im Unterricht einsetzen, wenn man sich nur bewusst sei, dass Lernaufgaben insgesamt „eine echte Obermenge der Menge der ‚Testaufgaben'"[17] seien. Man setzt dabei letztlich darauf, das Output-Standards entgegen ihrer eigentlichen Konzeption ganz wesentliche, positiv zu bewertende *Inputeffekte* haben können: Durch die Konfrontation der „persönlichen Aufgabenkultur" der Lehrerinnen und Lehrer mit den Testaufgaben werden diese auf mögliche Lücken aufmerksam, die zwar auch die Testaufgaben nur unvollständig schließen, die die Lehrerinnen und Lehrer aber dazu anregen sollen, sich mit den eigentlichen ‚guten Aufgaben' der Neuen Unterrichtskultur auseinander zu setzen. Wenn die Lehrerinnen und Lehrer ‚Problemlösen', ‚Modellieren' oder ‚mathematisch Kommunizieren' lesen, sollen sie quasi übersehen, dass diese Kompetenzen durch die Testaufgaben nur sehr eingeschränkt angesprochen werden können und ihren Unterricht auf diese Prozessziele im umfassenden Sinne ausrichten.

Dazu sind mehrere kritische Anmerkungen angebracht:

Zunächst einmal verschwimmt die Grenze zwischen unerwünschtem ‚teaching to the test' und erwünschter Neuer Unterrichtskultur in der Argumentation BLUMs zu einem ‚teaching not only, but with a considerable amount of test items': Offenbar gibt es nach BLUM ein unerwünschtes ausschließliches und drillhaftes Vorbereiten auf die Tests und ein durchaus erwünschtes Arbeiten mit Testaufgaben im Unterricht, wenn man sich nur nicht auf diese Aufgaben beschränkt. Das ist natürlich heikel, weil die Grenzen zwischen beiden Polen wohl eher fließend sein dürften.

Des Weiteren wird auch durch diese Interpretation von Testaufgaben und Lernaufgaben der oben angeführte von FÜHRER angebrachte Einwand keineswegs entkräftet: Warum sollen sich Schülerinnen und

---

[16] Blum 2005, S. 40
[17] A.a.O.

Schüler mit solchen Lernaufgaben (der Obermenge) beschäftigen, die von ihrem Anforderungsprofil deutlich von der Teilmenge der Testaufgaben abweichen? Drohen nicht auch in dieser Interpretation die ‚weicheren' prozessbezogenen Kompetenzen zum schmückenden Beiwerk zu verkommen, das für das Testen kaum von Bedeutung ist? Wird Lehrern und Schülern nicht spätestens nach den ersten Testdurchläufen die bestehende Differenz zwischen Obermenge und Teilmenge zunehmend bewusst werden und der positive Inputeffekt sich ins Gegenteil verkehren?

Versteht man BLUM hingegen so, dass die ‚Obermenge' der Lernaufgaben bzw. allgemein die erwünschte Neue Lernkultur den entscheidenden Faktor darstellen, so ist die momentane bildungspolitische Konzentration auf Tests und Testaufgaben fragwürdig. Produktiv für Unterrichtsprozesse werden Testaufgaben vielfach erst durch „Hinterfragen, Erweitern, Vertiefen, Verändern"[18]. Es hängt letztlich von den am Unterricht Beteiligten ab, inwieweit Testaufgaben tatsächlich zu einem „intellektuell reichhaltigen Unterricht"[19] führen. Wir werden hier erneut auf die Binsenweisheit zurückgeworfen, dass selbst sehr viel ausgefeiltere Aufgabensammlungen, ja Aufgaben ganz allgemein, niemals hinreichende Bedingungen für erfolgreichen Mathematikunterricht darstellen können. Müssten dann nicht die von BLUM genannten flankierenden Maßnahmen (Lehrerfortbildung, Lehrerausbildung, diagnostische Aufgabenentwicklung, Sicherstellung schulischer Rahmenbedingungen[20]) den eigentlichen bildungspolitischen Schwerpunkt darstellen? Wie realistisch ist jedoch die Finanzierung solcher Maßnahmen, die verglichen mit der Entwicklung und Kontrolle von Standards erheblich größere finanzielle Mittel erfordern würden?[21]

Und schließlich ist die Betonung des positiven Inputeffekts eine eigentümliche Instrumentalisierung der Bildungsstandards: Das, was von politischer Seite als möglichst neutraler und objektiver Maßstab für den Lernerfolg dienen soll, der bewusst Freiräume für unterschiedliche inhaltliche und methodische Schwerpunktsetzungen eröffnet, wird günstigstenfalls als Mittel zum ‚awarness raising', ungünstigstenfalls als Mittel zur Disziplinierung auf eine bestimmte fachdidaktisch erwünschte Unterrichtsführung umdefiniert. Die erwünschte Neue Unterrichtskultur ist aber in erster Linie gar nicht als empirisch valider

---

[18] Meyerhöfer 2006, S. 39
[19] A.a.O.
[20] Vgl. Blum 2005, S. 40
[21] So fordert Blum etwa, SINUS müsse „flächendeckend ausgeweitet werden"(A.a.O.).

Garant besserer Lernergebnisse bezüglich der angestrebten Kontrollinstrumente konzipiert. Die Neue Unterrichtskultur legitimiert sich ursprünglich aus einem viel weiteren, normativ geprägtem Begründungszusammenhang. Sie von diesem Begründungszusammenhang abzuschneiden und gleichsam als Königsweg zur Erfüllung der Testpflichten darzustellen, erscheint mir weder empirisch haltbar noch intellektuell redlich.

Exkurs: Blick über die Fachgrenze

Außerhalb der Mathematikdidaktik hat BRÜGELMANN das Problem der Differenz von Prozess- und Produktorientierung (bzw. Lern- und Leistungskultur) für die Lese- und Rechtschreibkompetenz sehr klar dargelegt. Leistungsbezogene Standards definieren Unterrichtsqualität rein instrumentell, d.h. mit Blick auf erzielte, messbare Lernergebnisse. BRÜGELMANN führt als empirischen Nachweis der Unzulänglichkeit derartiger Konzepte u.a. folgendes Beispiel ins Feld:

> „US-Bundesstaaten, die in den 90er Jahren die Vergabe von Abschlusszeugnissen, erfolgsabhängige Gehaltszuschüsse für Lehrer/innen und die finanzielle Ausstattung der Schulen an die Ergebnisse in ihren jährlichen Tests gebunden haben, berichten immer wieder über einen Anstieg der Leistungen. Anfang 2000 hatten sich 28 Staaten, also mehr als die Hälfte diesem Konzept verpflichtet. Eine Studie von Amrein/ Berliner (2002) zeigt aber, dass der berichtete Leistungsanstieg in der Regel nur für den engen Bereich der im jeweiligen Bundesstaat etablierten Tests galt. In unabhängigen Tests, z. B. für die Zulassung zu den Hochschulen, zeigte sich für 2/3 der 28 Staaten eine Abnahme der Testleistungen. Zusätzlich wurden wachsende Dropout-Raten berichtet, d. h. dass leistungsschwächere Schülerinnen aus dem System ganz herausfielen, was die gemessenen Testleistungen zusätzlich in die Höhe trieb, ohne dass sich der ‚Output' tatsächlich verbesserte."(Brügelmann 2005, S. 10)

Als weiteres Beispiel führt er eine vergleichende Rechtschreibuntersuchung zwischen Schülerinnen und Schülern der ehemaligen DDR und der BRD kurz nach der Wende an: Die Streuung der

Fehlerhäufigkeit der Schülerinnen und Schüler aus der ehemaligen DDR war nur dann geringer als die der BRD-Schülerinnen und -Schüler, wenn man auf Diktate im geübten Standardgrundwortschatz aus der ehemaligen DDR zurückgriff, in freien Texten und auch in der internationalen Leseuntersuchung IEA ist die Streuung annähernd gleich. Standards führen also offenbar nur zu Standardsicherung in Bezug auf ein klar umrissenes Bezugssystem (im Zweifelsfall den eingesetzten Test, vgl. a.a.O., S. 8f.).

Die Qualität von schulischen Bildungsprozessen, so BRÜGELMANN, lasse sich aller Erfahrung nach eben nicht einzig instrumentell fassen, sondern müsse immer auch normativ bestimmt werden. Hierzu führt er aus:

> „Auch die neuen finnischen Bildungsstandards definieren neben groben Kompetenzstufen, die erst auf Schulebene konkretisiert werden, Anforderungen an die Lernumgebung und den Stil des Unterrichts. Diese werden normativ (mit Bezug auf Prinzipien menschlichen Zusammenlebens) und nicht nur instrumentell (im Blick auf die Ergebnisse) begründet. Konkretisieren lassen sich solche Standards für guten Unterricht in Form von Kriterien für die Organisationsform und die materielle Umgebung, für die Vereinbarung von Regeln und die Qualität von Impulsen der Lehrperson." (Brügelmann 2005, S. 11)

Die KMK erwähnt wie gesehen solche Qualitätsmaßstäbe zwar indirekt über den Verweis auf die von ihr verabschiedeten allgemeinen Lernziele von 1973, es bleibt aber auch bei diesem Verweis. Bildungsstandards sind in erster Linie ‚Leistungsstandards', in zweiter Linie ‚Inhaltsstandards', sie sind aber bewusst nicht als ‚Standards für Lehr- und Lernbedingungen' konzipiert (Vgl. KMK 2006, S. 8f).

Ein ebenso für den Mathematikunterricht übertragbares Kernproblem der Standards wird an anderer Stelle ausgeführt:

> „Ein weiteres Problem kommt hinzu. Niemand kann empirisch begründet sagen, wo die Schwellenwerte für ‚tragfähige Grundlagen' liegen, ohne die ein Schüler in der Sekundarstufe nicht erfolgreich weiterlernen kann (‚lernbiografische Validität' von Leistungsprädikatoren). Lernen ist zwar ein kumulativer, aber kein linearer Prozess, und die Testleistungen in

einem Fach sind unzureichende Prädikatoren für die zukünftigen Fähigkeiten eines Menschen, da diese auch von deren Entwicklung als Person abhängen. Ebenso wenig ist geklärt, auf welchem Niveau Basisqualifikationen für Berufs- oder Lebenserfolg zu definieren sind („öklogische Validität' von Leistungsprädiktoren)." (Brügelmann 2005, S. 10)

Die KMK hat ihre ‚Regelstandards' nun gerade dadurch bestimmt, dass sie „fachliche und fachübergreifende Basisqualifikationen festlegen" sollen, „die für die weitere schulische und berufliche Ausbildung von Bedeutung sind und die anschlussfähiges Lernen ermöglichen"[22]. BRÜGELMANN bestreitet, dass der Sprachdidaktik solide Maßstäbe für eine Festlegung solcher Basisqualifikationen überhaupt zur Verfügung stehen. Auch hier kann man berechtigterweise fragen, ob es in der Mathematik anders aussieht (Man denke dazu auch an die im vorigen Abschnitt aufgestellten Thesen HEYMANNs zurück).

Das Konzept der Leitideen in den Bildungsstandards Mathematik

Das Konzept der Leitideen in den Bildungsstandards Mathematik bleibt durch die geschilderten Probleme nicht unberührt.

Zunächst ist festzuhalten, dass die Bildungsstandards für das Fach Mathematik den Doppelcharakter der Bildungsstandards als Inhalts- und Leistungsstandards deutlich hervorheben: „Aus Inhalt und Aufbau der Bildungsstandards können Anhaltspunkte für die Gestaltung des Mathematikunterrichts abgeleitet werden, die an den Lernprozessen und Lernergebnissen der Schülerinnen und Schüler orientiert sind und nicht allein von der Fachsystematik der mathematischen Lerninhalte abhängt."[23] Neben den „allgemeinen mathematischen Kompetenzen"[24] basieren die Standards auf Leitideen als zweitem Standbein. „Inhaltsbezogene mathematische Kompetenzen" sind „mathematischen Leitideen zugeordnet, um Verständnis von grundlegenden mathematischen Konzepten zu erreichen, Besonderheiten mathematischen Denkens zu verdeutlichen sowie Bedeutung und Funktion der Mathematik für die Gestaltung und Erkenntnis der Welt erfahren zu lassen." Dabei soll eine

---

[23] KMK 2004, S. 6

[24] In der Fachdidaktik würde man hie eher von ‚prozessbezogenen Kompetenzen' sprechen, siehe oben.

Leitidee „Inhalte verschiedener mathematischer Sachgebiete" vereinigen und „ein mathematisches Curriculum spiralförmig" durchziehen[25]. Die Strukturierung der inhaltsbezogenen mathematischen Kompetenzen anhand von Leitideen helfe den Bildungsauftrag des Mathematikunterrichts zu gewährleisten, „indem bei der Auseinandersetzung mit mathematischen Inhalten sachgebietsübergreifendes, vernetzendes Denken und Verständnis grundlegender mathematischer Begriffe erreicht werden sollen"[26].

Die Bildungsstandards motivieren Leitideen demnach in erster Linie aus dem Inhaltsstandard-Gedanken: Ein Curriculum soll von Leitideen spiralförmig durchzogen werden, Inhalte verschiedener Sachgebiete zueinander in Beziehung gesetzt und grundlegende mathematische Konzepte herauspräpariert werden. Konzeptionell sind Leitideen damit zunächst mit dem *Input* verbunden: Ein Bezug zum Outputstandard-Gedanken kommt erst durch die den Leitideen untergeordneten Kompetenzerwartungen zu Stande, bzw. auf der konkreten Ebene durch die Beispielaufgaben, die mit ihren Anforderungsprofilen die Regelerfüllung der Kompetenzerwartungen illustrieren sollen.

Dabei kommt den Leitideen eine ungewohnt konkrete Bedeutung zu: Sie fungieren als Oberkategorien für die erwarteten inhaltsbezogenen Teilkompetenzen und ersetzen in dieser Funktion die übliche Unterteilung des Curriculums in Stoffgebiete bzw. Themenschwerpunkte. An dieser Stelle treten die problematischen Züge des Leitideen-Konzepts zu Tage: Konzepte grundlegender Ideen verfolgen – wie wir in den vorangegangenen Abschnitten gesehen haben – das Ziel der lernbereichsübergreifenden Vernetzung von Lerninhalten. Mit ihnen soll der Isolation einzelner Themen vorgebeugt werden. Auch die Bildungsstandards greifen diesen Gedanken konzeptionell auf, in der konkreten Umsetzung kommen allerdings Zweifel an der Nachhaltigkeit dieser Zielsetzung: Die von den Bildungsstandards ausgewählten Leitideen repräsentieren – ähnlich wie schon HEYMANNs zentrale Ideen – im Kern jeweils ganz bestimmte curriculare Stränge:

- Zahl : Arithmetik

- Messen: (Messende und berechnende) Geometrie

- Raum und Form: (Synthetische) Geometrie

- Funktionaler Zusammenhang: Algebra und Funktionenlehre

---

[25] KMK 2004, S.6
[26] A.a.O.

- Daten und Zufall: Beschreibende Statistik und Wahrscheinlich-
  keitsrechnung

Schaut man sich erste auf der Basis der Bildungsstandards erlassene
Ländercurricula an, so verstärkt sich der Eindruck, dass die Leitideen
im Kern Überschriften für einzelne Themenstränge darstellen: Im hes-
sischen Lehrplan für das achtjährige Gymnasium[27] sind die Leitideen
jeweils ausschließlich den oben genannten Themengebieten zugeordnet, Ausnahmen bilden hier lediglich die Idee der Zahl, die stets auch
dem Lernbereich Algebra zugeordnet ist[28] und ein Themenkreis ‚Trigo-
nometrische Funktionen' in Klasse 9, der allen Leitideen außer ‚Daten
und Zufall' zugeordnet wurde. Noch deutlicher ist der Überschriften-
charakter in den nordrhein-westfälischen Kernlehrplänen ausgefallen:
Diese kennen gar keine Leitideen, sie finden sich in teils recht blumi-
gen Abwandlungen nur noch als Untertitel der jeweiligen Stoffgebiete
wieder[29].

Aus dem Ziel der Kontrolle vom Kompetenzanforderungen ist eine
derartige trennende Wirkung der Leitideen durchaus nachvollziehbar:
Eingang in das Testkonstrukt finden Leitideen über die ihnen jeweils
zugeordneten inhaltsbezogenen Kompetenzerwartungen bzw. konkret
durch Aufgaben oder Teilaufgaben, die als Operationalisierung dieser
Teilkompetenzen fungieren. Aus Sicht der Tester ist es wünschenswert,
dass sich eine bestimmte inhaltliche Kompetenz genau einer Leitidee
zuordnen lässt und des Weiteren eine Testaufgabe bzw. zumindest eine
Teilaufgabe der Testaufgabe wiederum klar eine inhaltsbezogene Kompetenz überprüft. Die Leitideen dienen dann lediglich dazu, eine gewisse stoffliche Breite durch den Test abzubilden: Momentan wird über
gewisse Gewichtungsfaktoren diskutiert, also um Aufgabenanteile, die
im Test auf die jeweiligen Leitideen entfallen sollen[30].

---

[27] Vgl. Hessiches Kultusministerium 2005
[28] Wahrscheinlich wurde die Zuordnung durch Abgleich der inhaltsbezogenen Kompetenzen der Standards mit den Inhaltskatalogen des Lehrplans bewerkstelligt. Da
zur Leitidee ‚Zahl' laut Bildungsstandards ganz allgemein gehört, dass Schülerinnen
und Schüler „Vorgehensweisen und Verfahren, denen Algorithmen bzw. Kalküle zu
Grunde liegen [...] wählen, beschreiben und bewerten"(KMK 2004, S. 10), weist diese
Zuordnung eine hohe Plausibilität auf, ohne dass man bereits von einer ‚Vernetzung'
der Ideen ‚Zahl' und ‚funktionaler Zusammenhang' sprechen könnte.
[29] MSJK-NRW 2004, S. 12
[30] Vgl. Bieber 2004. Hier wird von einem Verhältnis 2:2:2:1 gesprochen, da es allerdings
5 Leitideen gibt, ist nicht ganz klar, was genau gemeint ist.

Die Logik der Unterordnung von Teilkompetenzen bzw. einzelner Aufgaben wirkt noch in anderer Hinsicht problematisch: Zunächst fällt der geringe Operationalisierungsgrad der inhaltsbezogenen Kompetenzen auf. Zur Idee der Zahl heißt es etwa: die Schülerinnen und Schüler „wählen, beschreiben und bewerten Vorgehensweisen und Verfahren, denen Algorithmen bzw. Kalküle zu Grunde liegen"[31]. Bedenkt man, dass die Standards Regelerwartungen formulieren sollen, an denen Lehrende und Lernende ablesen können, inwiefern sie die von den Standards aufgestellten Erwartungen in ausreichendem Maße erfüllen, ist ein derartiges Kompetenzziel wenig hilfreich: Ohne Angabe konkreter Verfahren, Algorithmen oder Kalküle ist eine Einschätzung nahezu unmöglich.

Zudem ist fragwürdig, inwiefern es ein typisches Charakteristikum der Idee ‚Zahl' ist, sich mit Verfahren, Algorithmen und Kalkülen zu beschäftigen. Wäre diese Kompetenz nicht eher eine Querschnittsaufgabe aller Leitideen bzw. Lernbereiche?

Gut illustrieren lässt sich das Problem am Beispiel der Grundaufgaben der Prozentrechnung: Diese werden in den Bildungsstandards grundsätzlich der Leitidee Zahl zugeordnet[32], denn es werden Verfahren bzw. Kalküle angewandt, die sich auf „Prozentzahlen beziehen". Die Kernlehrpläne NRW ordnen die Grundaufgaben der Prozentrechnung hingegen dem Lernbereich Funktionen zu[33], was genauso konsequent ist, da sich die Formeln der Prozentrechnung funktional interpretieren lassen. Das Lösen und Auflösen von Gleichungen (welches beim Prozentrechnen eine nicht zu unterschätzende Rolle spielt) wird selbst in den Bildungsstandards generell der Leitidee des funktionalen Zusammenhangs zugeordnet und dass es bei Aufgaben zur Prozentrechnung auch

---

[31] KMK 2004, S. 10

[32] Schülerinnen und Schüler „verwenden Prozent- und Zinsrechnung sachgerecht"(KMK 2004, S. 10). Einzelne Aufgaben können allerdings durchaus anderen Ideen zugeordnet werden. In den Bildungsstandards für den mittleren Schulabschluss gibt es keine reine Prozentrechnungsaufgabe, Aufgabe 2 (Warum arbeiten Studenten) ist die Deutung einer fehlerhaften Darstellung von Prozentwerten, sie wird ausschließlich ‚Daten und Zufall' zugeordnet, bei Aufgabe 4 a) (Würfel) soll ein Prozentanteil einer Oberfläche bestimmt werden, sie ist ausschließlich der Leitidee ‚Messen' zugeordnet. Eine reine Prozentrechnungsaufgabe ist Aufgabe 3 (Räumungsverkauf) und eine Zinseszinsaufgabe Aufgabe 14 (Geldanlage), beide aus den Bildungsstandards für die Hauptschule (KMK 2005). Diese Aufgaben sind tatsächlich ausschließlich der Idee ‚Zahl' zugeordnet.

[33] Hier heißt es: „Sie [...] wenden Dreisatz, Prozentrechnung und Zinsrechnung an und rechnen mit Maßstäben" (MSJK-NRW 2004, S. 15). Lediglich die Verwendung, das Ordnen und Vergleichen von Prozentzahlen ist hier dem Bereich „Arithmetik/ Algebra" zugeordnet.

darum geht „Beziehungen und Veränderung [zu] beschreiben und erkunden"[34] kann auch nicht bestritten werden.

Die Zuordnung von inhaltsbezogenen Einzelkompetenzen und erst
Recht von einzelnen Aufgabenstellungen zu den Leitideen ist also keineswegs so eindeutig, wie dies aus Sicht der Testerstellung wünschenswert wäre. Es ist eigentlich nicht verwunderlich, dass bestimmte Kompetenzen gerade im Schnittbereich mehrerer Leitideen liegen, aus testpragmatischen Gründen ist allerdings eine eindeutige Zuordnung nötig.

Dies führt uns zu einem weiteren Problem: Nehmen wir einmal an,
ein bestimmter Schüler löst ausreichend viele Aufgaben, die Kompetenzerwartungen operationalisieren sollen, die die Breite aller Leitideen
abdecken. Können wir dann schon davon ausgehen, dass dieser eine
Vorstellung von grundlegenden Ideen der Mathematik hat? Um an die
Bäume/Wald-Metapher von WHITEHEAD anzuknüpfen: Sieht derjenige, der möglichst viele Bäume erkennt deshalb schon den Wald? Sind
breit gestreute Einzelkenntnisse und Fähigkeiten (das ‚Besondere' im
Sinne WHITEHEADS) bereits hinreichender Nachweis für das Vorhan-
densein einer kohärenten mathematischen Bildung (das ‚Allgemeine'
im Sinne WHITEHEADS)?

Bezogen auf das gewählte Beispiel heißt das: Löst ein Schüler oder eine Schülerin in einem Test eine Aufgabe zur Prozentrechnung mittlerer
Komplexität, so wissen wir allenfalls, dass diese Schülerin bzw. dieser
Schüler die Regelerwartungen zum Thema „Prozentrechnung" erfüllt.
Wir wissen aber nicht, ob es für ihn oder sie hilfreich war, dass sich die
Aufgabe funktional interpretieren lässt oder ob es hilfreich war, Prozentzahlen als eine besondere Konkretisierung der Idee der „Zahl" (etwa als spezielle Bruchzahlen) zu interpretieren. Wir erfahren nicht, ob
die Schülerin bzw. der Schüler in der Lage ist, im „Besonderen" der Prozentrechnung das „Allgemeine" der Zahl oder des funktionalen Zusammenhangs zu sehen; geschweige denn erfahren wir, ob die in Rede ste-
hende übergeordnete Fähigkeit für die Lösung der Aufgabe überhaupt
eine Rolle gespielt hat oder nicht.

Orientierung der Prozentrechnung auf die Idee der Zahl und/oder des
funktionalen Zusammenhangs ist eine Anforderung, die an den Unterrichts*prozess* zu stellen sein mag, es ist jedoch mehr als fraglich, inwiefern sie sich interpretativ aus der Kontrolle der Lern*ergebnisse* rekon-

---

[34] So lautet der Untertitel des Themenbereichs „Funktionen" im nordrhein-westfälischen Kernlehrplan, MSJK-NRW 2004, S.12.

struieren lassen soll[35].

Dies leitet zum letzten kritischen Punkt der Leitideen-Konzeption in den Bildungsstandards über: Grundlegende Ideen sollen traditionellerweise dazu dienen, eine begründete oder begründbare Stoffauswahl zu treffen. Mit den Worten WHITEHEADs: All das, was nicht in Beziehung zu den Ideen von allgemeiner Bedeutung steht, soll rücksichtslos aus dem Curriculum verbannt werden. Hier sind die Bildungsstandards aber mindestens genauso traditionalistisch wie HEYMANN: Betrachtet man die den jeweiligen Leitideen zugeordneten inhaltsbezogenen Teilkompetenzen, so sind diese sehr wohlwollend den Ideen zugeordnet.

Es muss auch nachgefragt werden, inwieweit eine Leitidee „Raum und Form" für den Bereich Geometrie und eine Idee „Daten und Zufall" für die Stochastik überhaupt ein Auswahlkriterium darstellen können: Geht es in der Stochastik nicht definitionsgemäß zwangsläufig um das Phänomen „Zufall"? Welcher traditionelle Lerninhalt der Geometrie kann mit dem Argument fallen gelassen werden, er trüge nicht auch in irgendeiner Weise zur Idee „Raum und Form" bei?

Es ist relativ offensichtlich, dass die Bestimmung eines curricularen Kerns in den Bildungsstandards anderweitig (wahrscheinlich deutlich pragmatischer) gelöst wurde. Damit besteht aber die Gefahr, dass Leitideen zur rhetorischen Figur werden: Die Kerninhalte bzw. Kompetenzen der Lernbereiche wurden offenbar nicht ausschließlich im Hinblick auf die Leitideen ausgewählt, umgekehrt werden aber alle inhaltsbezogenen Teilkompetenzen der jeweils am ehesten passende Leitidee zugeordnet. Damit ist eine inhaltsbezogene Teilkompetenz per definitionem Beitrag zu einer Leitidee, der Gedanke der Auswahl durch Leitideen aber ad absurdum geführt. Die Leitideen führen damit in keiner Weise zur von FISCHER betonten Emanzipation gegenüber den Lehrgegenständen, sie bilden allenfalls den ideologischen Überbau für einen in den Standards nicht transparenten Auswahlprozess, der die schulmathematischen Traditionen sehr deutlich fortsetzt und erkennbar nicht grundsätzlich in Frage stellt.

Zusammenfassend kann festgehalten werden, dass grundlegende Ideen mit dem Konzept der Leitideen in den Bildungsstandards nominell fraglos ein hoher Stellenwert eingeräumt wird. Unter der Ägide der Output- und Kompetenzorientierung sind dem Leitideen-Begriff aber

---

[35] Hier war Whitehead im Übrigen sehr klar anderer Meinung: Ein Bildungssystem, dass glaubt, den Erfolg seiner Bildungsbemühungen allein durch externe Kontrolle nachweisen zu können, können den Heranwachsenden allenfalls Wissen, niemals aber Bildung zuteil geworden lassen haben. Vgl. Whitedhead 1967, S. 4f.

eine Vielzahl weitergehender Zielvorstellungen abhanden gekommen, die einerseits ideengeschichtlich und mathematikdidaktisch mit einer Orientierung an grundlegenden Ideen verbunden wurden (und werden) und andererseits essentielle Bestandteile einer Neuen Unterrichtskultur darstellen, die man von fachdidaktischer Seite als eigentlich wesentlichen Schritt zu Verbesserung des Mathematikunterrichts im Umfeld der aktuellen Reformdebatte ansehen muss. Mit einer Orientierung an grundlegende Ideen war und ist ideengeschichtlich und mathematikdidaktisch im Kern immer gemeint, dass Unterrichts- und Lernprozessen auf normativ erwünschte Ziele (als Teil der Unterrichtskultur und als Ausdruck eines angemessenen Bildes von Mathematik!) hin orientiert werden. Diese normativen Ziele werden durch grundlegende Ideen repräsentiert. Orientierung an Ideen heißt demnach immer Orientierung *an* (für den mathematischen Erkenntnisgewinn bedeutsamen) Prozessen und Orientierung *von* (unterrichtlichen, gemeinsamen und individuellen Lern-)Prozessen. Gerade diese Inputfaktoren werden in den Bildungsstandards als Manifestation der aktuellen Reformdebatte aufgrund der politisch dominanten Vorstellung einer weitgehenden Outputorientierung aber nahezu systematisch ausgeblendet.

1.9 Fazit und Zusammenfassung

Dieses Kapitel begann mit einer vorläufigen Charakterisierung von Konzeptionen grundlegender Ideen bzw. Konzeptionen zur Orientierung des Mathematikunterrichts an grundlegenden Ideen. Diese Ideen wurden als mathematisch, bildungstheoretisch und pragmatisch bedeutsame Leitlinien charakterisiert, die bei der begründeten Stoffauswahl hilfreich sein und auch weitergehende Bedeutung für die inhaltliche und methodische Gestaltung des Mathematikunterrichts haben können.

Die hier diskutierten Konzepte unterscheiden sich dabei erheblich in der Konzeptualisierung von mathematischer, bildungstheoretischer und pragmatischer Bedeutsamkeit wie auch seitens der in den einzelnen Konzeptionen intendierten Einflüsse auf die Gestaltung des Mathematikunterrichts. Für Auswahl und Formulierung grundlegender Ideen ist die Auffassung ihrer mathematischen Bedeutsamkeit ein entscheidender Faktor. Was als grundlegende Idee gilt und wie eine Orientierung an grundlegenden Ideen konkret umzusetzen ist, hängt in erheblichem Maße davon ab, welches Verständnis von Mathematik man als

Basis des Mathematikunterrichts für angemessen erachtet. Hier lassen sich rückblickend vier idealtypische Orientierungen unterscheiden:

- (tendenziell szientistische) Ausrichtung an aktuellen fachwissenschaftlichen Strömungen,

- (tendenziell utilitaristische) Ausrichtung an Anwendungen der Mathematik,

- Ausrichtung an der schulmathematischen Tradition,

- Ausrichtung an einem bildungstheoretisch reflektierten Wissenschaftsverständnis.

Ohne Frage dominiert die erste Orientierung die Diskussion fundamentaler Ideen im Anschluss an BRUNER. Auch wenn BRUNER selbst es nicht so gemeint haben mag, erlaubte seine Theorie des instrumentellen Konzeptualismus eine Auslegung, nach der die ,Struktur der Disziplin Mathematik' die maßgebliche Vorlage zur Gestaltung von Mathematikunterricht darstellt. Es ist nicht zuletzt den spezifischen Randbedingungen der Reform zu danken, dass eine strikt fachwissenschaftliche Ausdeutung seiner Theorie möglich war: Sowohl die seinerzeit aktuellen Strömungen in der Fachwissenschaft (BOURBAKI) als auch in der Lernpsychologie (Kognitivismus) sprachen von der Wichtigkeit von ,Strukturen', der bildungspolitische Druck verhinderte eine eingehende Reflexion der Differenzen der beiden Strukturbegriffe und ermöglichte eine vorschnelle Gleichsetzung. Das ist insofern erstaunlich, als eine utilitaristische Ausrichtung der Reform in ihrem Begründungszusammenhang angelegt gewesen wäre: Die Reform speiste sich wesentlich aus dem Höherqualifizierungsinteresse im naturwissenschaftlichtechnischen Bereich, allerdings blieb dieses Höherqualifizierungsinteresse inhaltlich unterdeterminiert. Die traditionalistische Orientierung spielt in dieser Phase insofern eine Rolle, als sie eine Umsetzung der Neuen Mathematik in Reinform verhinderte und zu den in Abschnitt 1.4 angesprochenen Vermengungen traditioneller Elemente mit strukturmathematischen geführt hat.

Die Reformbestrebungen der Meraner Reform sind sehr deutlich durch die erste und die zweite Orientierung geprägt. Die Bedeutung des funktionalen Denkens für die wissenschaftliche Durchdringung der zunehmend technisierten Alltagswelt verlieh diesem Denkprinzip die gesellschaftliche Legitimation. Hier fallen also im Unterschied zur Neuen Mathematik die Anforderungen der Arbeitswelt und die aktuellen fachwissenschaftlichen Strömungen tatsächlich zusammen. Im Unterschied zur

Neuen Mathematik ist die Meraner Reform anders ausgedrückt nicht im selben Maße inhaltlich unterdeterminiert. Betrachtet man die Meraner Reform vor allem im Lichte der tatsächlich erreichten Reformen, so wird auch hier die Bedeutung der traditionalistischen Orientierung deutlich: Lediglich Funktions- und Abbildungsbegriff sowie die Anfänge der modernen mathematischen Teilgebiete Analysis und Lineare Algebra fanden Einzug in die Schule. Die von KLEIN angestrebte methodische Orientierung des Mathematikunterrichts gemäß der genetischen Gegenstandsauffassung (welche durchaus auf die vierte Orientierung verweist) konnte sich hingegen kaum durchsetzen. Die tradierten Inhalte wurden also nicht aufgegeben, sie wurden auch nicht restrukturiert, sie wurden lediglich durch neue Inhalte ergänzt.

Dezidiert der vierten Richtung zuzuordnen sind hingegen die Konzepte von WHITEHEAD, SCHREIBER und SCHWEIGER. In diesen Konzepten wird bewusst das Problem zur Kenntnis genommen, dass für Fragen der Gestaltung des Mathematikunterrichts eine Analyse des Bildungsgehaltes der mathematischen Gegenstände unabdingbar ist. Dies macht beinahe zwangsläufig auch eine Beantwortung der Frage erforderlich, was ‚Mathematik' als Grundlage des Mathematikunterrichts eigentlich heißen soll.

Auch diese Konzepte thematisieren die Bedeutung der wissenschaftlichen Auseinandersetzung mit Mathematik und ihre Bedeutung für Anwendungen, diese Positionen werden allerdings kritisch auf ihren Beitrag zur mathematischen Bildung hin befragt und gegeneinander abgewägt und gerade nicht im Sinne einer einseitigen szientistischen oder utilitaristischen Orientierung verabsolutiert. Dabei positionieren sich die drei betroffenen Konzeptionen bildungstheoretisch sehr ähnlich. Zu einer gültigen Auffassung von Mathematik gehört in allen drei Konzepten tendenziell:

– Mathematik als etwas Sinnvolles aufzufassen, d.h. ebenso ihre Verortung innerhalb der allgemeinen wissenschaftlichen Tätigkeit zu berücksichtigen wie ihre Bedeutung und Verankerung in unserem Alltagsdenken und -handeln, aber auch –stärker pragmatisch und unterrichtspraktisch interpretiert – nur solche Begriffe und Verfahren in den Unterricht einzuführen, deren Sinn und Zweck auf der Basis der bis dahin vom Lernenden erlangten mathematischen Kenntnisse und Fähigkeiten unmittelbar erfahren werden kann (*Teleologisches Grundprinzip*).

– Mathematisches Wissen als etwas Gewordenes und sich immer noch Entwickelndes aufzufassen, d.h. sie nicht ausschließlich von ihren formalisierten Endprodukten her zu denken, sondern ihre Genesis aufzudecken, sich (auch im Unterricht) mit solchen Prinzipien zu beschäftigen, die den mathematischen Denk- und Arbeitsprozess leiten und vorantreiben (*Genetisches Grundprinzip*).

Wir können das genetische Grundprinzip dabei als Kontrapunkt zum ahistorischen Mathematikbild der szientistischen Konzepte verstehen und das teleologische Prinzip als die positive Wendung des Utilitarismus: Nützlichkeit heißt für WHITEHEAD und SCHREIBER eben nicht Unterordnung unter ein funktionalistisches Mathematik- und Bildungsverständnis, sondern ein Nachdenken über den Sinn der mathematischen Tätigkeit in einem deutlich stärker philosophisch geprägten, reflektierenden Verständnis. Es geht ihnen um den Beitrag der Mathematik zur Ausschärfung der menschlichen Denk- und Handlungsmöglichkeiten, ohne dass oberflächlich deren unmittelbare lebenspraktische Verwertbarkeit als Maßstab für die Sinnhaftigkeit dieser Ausschärfung in den Vordergrund gestellt würde. Dass das Reflexionsniveau bei SCHREIBER und SCHWEIGER so deutlich höher ausgeprägt ist als in der Meraner Reform und der Neuen Mathematik und sich diese Autoren nicht von den der szientistischen oder untlitaristischen Orientierungen vereinnahmen lassen, liegt einerseits an der klaren Gegenposition, die sie gegen die Neue Mathematik einnehmen. Andererseits sind SCHWEIGER und SCHREIBER keinerlei bildungspolitischem Druck ausgesetzt, da ihre Konzeptionen nicht im unmittelbaren Kontext von Curriculumreformprojekten entstehen.

Bereits mit der Konzeption von TIETZE/ KLIKA/ WOLPERS muss ein deutliches Zurückfallen hinter dieses Reflexionsniveau festgestellt werden. Mit den drei Arten grundlegender Ideen stellen die Autoren fachwissenschaftliche Orientierung, Anwendungsorientierung und heuristische Züge der Mathematik nebeneinander, ohne eine Integration dieser Aspekte oder eine klare Bewertung der Bedeutung dieser drei Orientierungen vor dem Hintergrund des Bildungsauftrages vorzunehmen. Deutlich äußert sich der Einfluss der schulmathematisch traditionalistischen Orientierung bei diesen Autoren vor allem in der Auswahl und der Anzahl fachlicher Leitideen. Die Ursache für dieses Zurückfallen im Reflexionsniveau liegt ein Stück weit im Entstehungszusammenhang des Konzepts begründet: TIETZE, KLIKA und WOLPERS verwenden es im Rahmen einer systematischen Darstellung zur Didaktik des Oberstufenunterrichts und versuchen, die volle Breite fachdidaktischer Arbeiten auf diesem Gebiet auf einen gemeinsamen Nenner zu bringen, was eine gewisse Offenheit gegenüber divergierenden fachdidaktischen Richtungen erforderlich macht und eine klare bildungstheoretische Festlegung erschwert.

HEYMANN hingegen positioniert sich im Rahmen seiner Bemühungen zur Pragmatisierung des mathematischen Bildungsbegriffs betont skeptisch gegenüber der fachwissenschaftlichen Orientierung. Dabei dominiert ein bisweilen utilitaristischer Anwendungsbezug sein Konzept – wie in Abschnitt 1.7 gesehen weit über die Aufgabe der „Lebensvorbereitung im engeren Sinne"[1] hinaus. Gepaart wird die Überbetonung anwendungsbezogener Aspekte mit einer immanenten Bindung an die ohnehin traditionell im Mathematikunterricht behandelten Inhalte. Fachinhaltlich will HEYMANN (abgesehen von Reduktionen im Stoffumfang) kaum innovieren, auch sein Konzept ist damit deutlich von der schulmathematisch traditionalistischen Orientierung beeinflusst.

Die Bildungsstandards sind schließlich von ihrer gesamten Ausrichtung zunächst deutlich utilitaristisch geprägt, ordnen sie sich doch mit der Outputorientierung klar einem im Wesentlichen funktionalen Bildungsverständnis unter. Auf das Mathematikverständnis wirkt sich diese Entscheidung in einer starken Betonung des Aspektes ‚Modellieren' aus, die in weiten Teilen allerdings oberflächlich bleibt und sich auf der Ebene der inhaltsbezogenen Kompetenzen in erstaunlich geringem Maße niederschlägt[2]. Die Leitideen schließlich verweisen in ihrem Charakter als Überschriften über schulmathematisch tradierte Lernbereiche wieder klar auf die schulmathematisch traditionelle Orientierung. Hinzu kommt noch die in Abschnitt 1.8 ausführlich problematisierte Ambivalenz von Lern- und Leistungskultur im Umfeld der Bildungsstandards, die schwer abschätzbar macht, ob das reflektierte Mathematikverständnis der Neuen Aufgabenkultur oder die funktionalistische Mathematikauffassung der pragmatischen Testkultur für die anstehenden Reformen faktisch bedeutsamer sein wird.

Wir erkennen hier einen nicht unbedeutsamen Unterschied zwischen der Orientierung an grundlegenden Ideen zu Zeiten der Meraner Reform und der Neuen Mathematik auf der einen Seite sowie den aktuellen Reformbestrebungen auf der anderen Seite: Erstere wurden jeweils durch fachwissenschaftlich innovative (bildungstheoretisch allerdings zumindest ambivalente) Strömungen getragen, die im Falle der Meraner Reform hoch kompatibel mit den gesellschaftspolitischen Wandlungen (Industrialisierung) und im Falle der Neuen Mathematik vor allem

---

[1] Heymann 1996, S. 60
[2] Vgl. hiezu auch Wittmann 2005, sowie Sill 2006

lerntheoretisch legitimierbar schienen. Den aktuellen Reformbestrebungen liegt keinerlei fachwissenschaftlich innovative Strömung zu Grunde. Die Neue Unterrichtskultur ist hingegen aus vielfältigen (teils divergenten) normativen, lerntheoretischen und fachdidaktischen Motiven begründet. Während die Fachdidaktik dabei zentral an der Prozessqualität von Unterricht interessiert ist, wird gesellschafts- und bildungspolitisch schlicht ein besserer ‚Output' eingefordert. Auf die Probleme dieser Zieldifferenz muss hier nicht erneut eingegangen werden.

Verlassen wir die Ebene der mathematischen und bildungstheoretischen Bedeutsamkeit grundlegender Ideen und begeben uns auf die Ebene ihrer pragmatischen Bedeutsamkeit, so müssen wir betrachten, wie in den einzelnen Konzeptionen die Frage der Umsetzung grundlegender Ideen, d.h. ihr tatsächlicher Einfluss auf die inhaltliche und methodische Ausgestaltung des Unterrichts aussieht.

Am einfachsten können wir diese Frage für die fachwissenschaftlich dominierten Konzepte beantworten: Entgegen ihrem Anspruch, die Inhalte zu restrukturieren, führten sowohl die Meraner Reform als auch die Neue Mathematik im Wesentlichen zur Aufnahme neuer Inhaltsbereiche, neuer Einzelinhalte, bzw. neuer Begrifflichkeiten und Terminologien in den Mathematikunterricht. Die bildungstheoretisch reflektierten Konzeptionen bleiben hingegen bezüglich der konkreten Umsetzung im Mathematikunterricht vielfach äußerst vage, bisweilen verbleiben grundlegende Ideen auf dem Niveau reiner Denkanstöße für die Lehrenden, die den Unterrichtsstoff anhand dieser Ideen neu durchdenken sollen, ohne dass klar wird, welche konkreten Handlungsanweisungen dies für ihren Unterricht nach sich zu ziehen hätte. Ob die Bestrebungen im Rahmen der Bildungsstandards stärker in Richtung eines offeneren, sozialen und individuellen Konstruktionsleistungen der Schülerinnen und Schüler sensibler gegenüberstehenden Unterrichts oder doch in Richtung einer klareren Ausrichtung auf die pragmatischen Testzwänge ausfallen wird, kann derzeit kaum eingeschätzt werden. Das Konzept der Leitideen scheint mir für die Beantwortung dieser Frage allerdings auch nicht zentral zu sein, wie es insgesamt in den Bildungsstandards eher als rhetorische Figur denn als ein entscheidender Teil eines Reformkonzeptes erscheint.

Wenn im nächsten Kapitel also Perspektiven für die Weiterentwicklung grundlegender Ideen als fachdidaktischer Kategorie aufgezeigt werden sollen, stellt dies einen schwierigen Balanceakt dar: Einen Balanceakt zwischen theoretisch-philosophischer Überhöhung und pragmatischer Aushöhlung des Begriffs. Es gilt einen Begriff zu finden, der die beiden Grundprinzipien der stärker reflektierenden Konzepte als integralen Teil der Mathematikauffassung beibehält und trotzdem konkrete Aussagen über die Gestaltung des Mathematikunterrichts erlaubt. Es gilt diese Ideen so zu formulieren, dass ihre schulmathematische Relevanz deutlich wird, ohne dass der weitere Rahmen des fachwissenschaftlichen Verständnisses unzulässig abgeschnitten wird. Es gilt eine Position zu bestimmen zwischen abstrakten, lernbereichsübergreifenden Ideen und solchen, die auch als Leitkategorien für mathematische Teilgebiete aufgefasst werden können.

Nicht zuletzt gilt es, sich des normativen Charakters grundlegender Ideen stets bewusst zu bleiben und diesen methodisch geeignet zu kontrollieren bzw. der Kritik zugänglich zu machen. Durch Auswahl und Formulierung grundlegender Ideen bezieht man bewusst oder unbewusst Stellung dazu, was Mathematik im Rahmen schulischer Bildungsbemühungen bedeuten soll. Keine wie auch immer getroffene Auswahl von Ideen ist neutral bezüglich der bildungstheoretischen Einschätzung von Mathematik. Dies gilt erst recht, wenn man sich auf eine konkrete Orientierung des Unterrichts an grundlegenden Ideen einlassen möchte.

Der Schlüssel zur Weiterentwicklung grundlegender Ideen als fachdidaktischer Kategorie liegt aus meiner Sicht forschungsmethodisch darin, diese – ohne ihren normativen Charakter aufzugeben oder zu missachten – vor allem als Leitkategorie der Analyse der Unterrichtsinhalte aufzufassen und erst in zweiter Linie als Leitkategorie der unterrichtspraktischen Ausgestaltung. Diese Beschränkung ist forschungslogisch und forschungspragmatisch motiviert: Wenn einem als Forscher grundlegende Ideen keinen nennenswerten Ertrag für die Erschließung mathematischer Inhalte im Kontext von Mathematikunterricht erlaubten, so schiene es kaum gerechtfertigt, den Unterricht auf solche Ideen hin zu orientieren. Eine analytische Verwendung grundlegender Ideen muss einer Anwendung der Ideen im Sinne einer Mathematikdidaktik als ‚design science‘ also schon *forschungslogisch* vorangehen.

Forschungspragmatisch scheint mir die Entscheidung gerechtfertigt, da das vollständige Durchlaufen des Prozesses – von der analytischen Verwendung dieser Kategorie über einer konsistenten Umsetzung in konkrete Unterrichtsvorschläge bis hin zu deren Evaluation und gegebenenfalls der Revision der Vorschläge – den Rahmen eines Dissertationsprojektes zwangsläufig sprengen würde – so man diesen Prozess ernst nehmen und nicht lediglich sehr oberflächlich bewerkstelligen wollte.

Kapitel 2

Methodologischer Rahmen: Sachanalyse, Metakonzepte, lokale Subkonzepte

Eine Weiterentwicklung grundlegender Ideen als fachdidaktischer Analysekategorie bedarf einer sorgfältigen Einordnung der angestrebten Analyse in den Gesamtkontext mathematikdidaktischer Forschungsmöglichkeiten. Dabei ist insbesondere zu klären, was im Rahmen dieser Arbeit unter ‚didaktisch orientierter Sachanalyse' verstanden werden soll. Aus der geistesgeschichtlichen und mathematikdidaktischen Tradition ist die Orientierung an grundlegenden Ideen eng mit der *sachanalytischen bzw. stoffdidaktischen Forschungsrichtung* verbunden[1]. Diese Richtung soll hier kurz vorgestellt werden, um damit ein zeitgemäßes Verständnis ihrer Leitkategorie (nämlich ebenjener ‚didaktisch orientierten Sachanalyse') anzuregen und den weiteren Überlegungen voranzustellen.

Obwohl es erklärtermaßen nicht Ziel dieser Arbeit ist, einen Kanon verbindlicher grundlegender Ideen aufzustellen, muss dennoch eine begründete Vorauswahl für die im dritten Kapitel angestrebten Analysen getroffen werden. Daher wird hier ein Set von Ideen vorgestellt, das als vorläufige Auswahl aufzufassen ist, dessen Zweckmäßigkeit sich gleichwohl in den folgenden Analysen (Kapitel 3) erst noch erweisen muss.

Als genuiner Beitrag zur Weiterentwicklung der Orientierung an grundlegenden Ideen können schließlich die Erweiterungen der grundlegenden Ideen (als *Metakonzepte*) durch *lokale begriffs- und verfahrensorientierte Subkonzepte* einerseits sowie *lokale heuristische Subkonzepte* andererseits betrachtet werden. Diese werden aus der fachdidaktischen Diskussion um Grundvorstellungen bzw. aus der an POLYA anknüpfenden Tradition der Vermittlung heuristischer Bildung entwickelt.

---

[1] Vgl. Vollrath 1995, S. 165

2.1 Zum Verfahren einer didaktisch orientierten Sachanalyse

Der Begriff ‚didaktisch orientierte Sachanalyse' wurde Anfang der siebziger Jahre durch GRIESEL – gewissermaßen als Reaktion auf die „didaktische Analyse"[1] von KLAFKI – als Bezeichnung für die seinerzeit übliche stoffdidaktische Arbeitsweise in die Mathematikdidaktik eingeführt. Verschiedentlich wird dieses Verfahren auch als „mathematische Analyse der Unterrichtsinhalte"[2] oder kurz als ‚Sachanalyse' bezeichnet. Der Terminus beschreibt dabei ursprünglich die Untersuchung mathematischer Hintergrundtheorien zu Unterrichtsinhalten, die didaktische Komponente der ‚didaktisch orientierten Sachanalyse' ist bei GRIESEL zunächst von nachrangiger Bedeutung. Das Verfahren ist seit Beginn der achtziger Jahre vor allem aus den empirisch orientierten Teilen der Mathematikdidaktik scharf kritisiert, bisweilen sogar gänzlich zurückgewiesen worden. Eine kritische Würdigung erscheint im Rahmen dieser Arbeit dennoch geboten: Grundlegende Ideen beziehen ihre Bedeutung nicht zuletzt aus ihrem Potenzial, Strukturen und Zusammenhänge der mathematischen Inhalte zu explorieren. Konzepte der Orientierung an grundlegenden Ideen erheben den Anspruch, Hinweise für die Gestaltung mathematischer Lern- und Unterrichtsprozesse zu erlauben. Auf genau diese Punkte rekurriert die didaktisch orientierte Sachanalyse. Bei allen Schwierigkeiten, welche die klassische Interpretation dieser Methode mit sich bringen mag, scheint sie mir dennoch als Keimzelle eines Verfahrens dazu geeignet zu sein, den mit der Orientierung an grundlegenden Ideen verknüpften Anspruch sowohl präziser zu formulieren, als auch die Einlösung dieses Anspruchs beispielbezogen zu untersuchen.

Die mathematische Analyse des Unterrichtsinhalts nach Griesel

Wissenschaftliche Untersuchungen gehen generell mit einer Reduktion der Komplexität von Realität einher; ihre Beobachtungen sind stets „theoriegeladen"[3]. Prinzipiell gibt es keine vorurteilsfreie Beobachtung der Wirklichkeit, man sieht die Wirklichkeit gewissermaßen stets durch eine bestimmte durch die zu Grunde gelegten Theorien und Methoden gefärbte Brille.

---

[1] Vgl. Klafki 1963b
[2] Griesel 1972
[3] Vgl. etwa Voigt 1995, S. 154

Die spezifische Reduktion der Sachanalyse im klassischen Verständnis besteht darin, das ‚didaktische Dreieck' (Schüler – Lehrer – Sache) im Wesentlichen auf eine Dimension zu reduzieren, nämlich auf die der ‚Sache'[4]. Dies impliziert zunächst nicht, dass den anderen beiden Dimensionen keine Bedeutung zukommt, es impliziert lediglich, dass der ‚Sache' eine wohlbestimmte und untersuchenswerte Rolle für die erfolgreiche Gestaltung mathematischer Lern- und Unterrichtsprozesse zugestanden werden kann. Als Mathematikdidaktiker kann man wenig gegen diese Implikation einwenden: Hätte die Sache keinen Einfluss, wäre die spezifische Funktion von Mathematikdidaktik ganz prinzipiell in Frage zu stellen, allgemeindidaktische Analysen würden dann im Grunde genommen ausreichen.

Umgekehrt ist es wiederum eine Frage sorgfältiger Abwägung und Diskussion, wie hoch die Bedeutung der Sache für die Gestaltung mathematischer Lern- und Unterrichtsprozesse einzuschätzen ist und wie sinnvoll eine Isolierung dieser Dimension bzw. eine Konzentration auf diese Dimension als Untersuchungsfokus ist.

Stellen wir diese grundsätzlichen Bedenken einen Moment zurück und betrachten, was GRIESEL als Zugang zur Dimension ‚Sache' mit der ‚mathematischen Analyse des Unterrichtsinhalts' vorschlägt: In Anlehnung an BREIDENBACH fordert GRIESEL, man müsse sich, ehe man „auch nur einen einzigen methodischen Entschluß faßt [...], rein sachlich mit dem Unterrichtsgegenstand"[5] beschäftigen, ihn zergliedern und analysieren. Dadurch gelange man zum „mathematischen Kern"[6], auf den man bei der methodischen Gestaltung des Unterrichts sein Hauptaugenmerk zu richten habe.

Die Sachanalyse klärt also in GRIESELs Verständnis die Frage, was der mathematische Kern eines bestimmten Unterrichtsgegenstandes ist. Damit definiert sie das ‚didaktische Problem' des Mathematikunterrichts als das Erfassen dieses Kerns. Jeder Unterrichtsvorschlag, der den mathematischen Kern richtig erfasst, ist demnach sachanalytisch prinzipiell zulässig.

Zur Überprüfung der Zulässigkeit dienen bei GRIESEL zunächst ausschließlich mathematische Methoden. Die Sachanalyse ist also eine *mathematische Analyse* von Unterrichtsgegenständen. Sie ist aber nach

---

[4] Die ‚Sache' soll vorläufig schlicht als das jeweilige mathematische Thema aufgefasst werden, das Verständnis dieses Begriffs wird im Laufe dieses Abschnittes vor allem im Exkurs zur Theorie des Unterrichtsinhaltes nach Menck weiter vertieft werden.

[5] Breidenbach 1963, zitiert nach Griesel 1972, S. 79

[6] Griesel 1972, S. 79

GRIESEL dennoch keine mathematische Forschung in dem Sinne, dass das Erlangen neuer mathematischer Erkenntnisse an sich ihr Ziel ist. Sie ist eine *didaktisch orientierte* Sachanalyse, weil der Sachanalyse eine *didaktische Vorentscheidung* vorausgeht, sie ist in GRIESELs Verständnis sozusagen *didaktisch motivierte mathematische Forschung*[7].

Was hat man sich unter ‚didaktischen Vorentscheidungen' konkret vorzustellen und worin liegt ihre Begründung? Hier lässt GRIESEL viele unterschiedliche Konkretisierungen zu: Eine didaktische Vorentscheidung könnte etwa schlicht lauten: Der zu behandelnde Unterrichtsgegenstand ist Bruchrechnung. Wird keine weitere Vorentscheidung getroffen, so wäre keine spezifische sachanalytische Forschung nötig, da die Bruchrechnung durch bestehende mathematische Forschungsergebnisse theoretisch vollständig erschlossen ist. Man würde dem gemäß Bruchrechnung in bereits vorhandene mathematische Theorie einbetten. Brüche ließen sich dann etwa als Äquivalenzklassen von geordneten Paaren natürlicher Zahlen definieren, für die wiederum gewisse Verknüpfungsrelationen definiert werden könnten, die zu genau der Bruchrechnung mit den Bruchrechenregeln führen würden, die wir normalerweise auch erwarten. Sachanalytisches Arbeiten wäre in diesem Fall im Wesentlichen auf eine für den Unterricht brauchbare bzw. für Lehrerinnen und Lehrer zugängliche Darstellung bereits vorhandener mathematischer Theorie beschränkt.

Spezifische sachanalytische Forschung wird dann nötig, wenn man den Weg der Einbettung in eine vorhandene mathematische Theorie aus irgendeinem (didaktischen) Grund ablehnt. GRIESEL führt im Wesentlichen drei Richtungen möglicher Begründung an:

1. Es stehen traditionelle Methoden und Unterrichtspraxen zur Verfügung, die von diesem Weg abweichen, und sich als praktikabel erwiesen haben.

2. Man begibt sich auf die Suche nach einem gleichsam natürlichen Zugang, der aus elementaren Bedürfnissen und Anwendungen im täglichen Leben erwächst.

3. Man hat ein eher allgemeines Unbehagen, das Gefühl, man müsse einen anderen Weg finden, einen neuen, innovativen Zugang gewinnen.[8]

Die didaktische Sachanalyse hat nun nach GRIESEL in allen drei Fällen ein kleines Stück mathematische Theorie zu erarbeiten, die so ge-

---

[7] Vgl. Griesel 1972, S. 79
[8] Vgl. a.a.O., S. 79f

nannte „Hintergrundtheorie"[9]. Für die Bruchrechnung verweist GRIE-SEL beispielsweise auf das Operatorkonzept in der Bruchrechnung[10], in späteren Arbeiten hat er sich intensiv mit einer Hintergrundtheorie des Größenkonzepts/ Größenbegriffs[11] beschäftigt. Durch die Sachanalyse klärt man dabei ausschließlich die Frage, ob die Hintergrundtheorien sich mathematisch einwandfrei formulieren lassen und arbeitet den jeweiligen Kern des Konzepts heraus. Das Verfahren klärt also die Frage der mathematischen Verträglichkeit der aus der didaktischen Vorentscheidung resultierenden Konzeption.

Hat man nun unterschiedliche Hintergrundtheorien für ein und denselben Unterrichtsgegenstand zur Hand, kann man auf Basis der Sachanalyse lediglich klären, ob und inwieweit sie mathematisch verträglich sind oder nicht. Jede weitere Bewertung ist wieder eine didaktische Entscheidung, die außerhalb der Sachanalyse liegt. Prinzipiell ist damit die Reichweite der Sachanalyse sehr begrenzt: Sie klärt zunächst nur die Frage, ob einer auf der Grundlage einer didaktischen Vorentscheidung gewählten Unterrichtseinheit eine mathematisch einwandfreie Hintergrundtheorie zu Grunde liegt oder sich dieser Einheit eine solche Theorie zu Grunde legen ließe. Zudem versucht sie deren mathematischen Kern zu erfassen. Stehen mehrere Kandidaten zur Auswahl, bei denen sich eine einwandfreie Hintergrundtheorie formulieren lässt, ist die Sachanalyse prinzipiell nicht dazu in der Lage, für oder gegen einen bestimmten Unterrichtsgang zu votieren. Besteht hingegen in mehreren Konzepten ein gewisses Unbehagen, was die mathematische Verträglichkeit angeht, so kann auch hier die Sachanalyse eigentlich nicht sagen, wie dies didaktisch zu bewerten ist.

Für diese Fälle geht GRIESEL davon aus, dass entweder „statistische empirische Untersuchungen" oder eben einfach „allgemeine Unterrichtserfahrung"[12] klären müssten, ob ein Konzept praktikabel ist. Gegebenenfalls müsste dann die didaktische Vorentscheidung revidiert werden und der Prozess der Sachanalyse würde auf der Basis einer anderen didaktischen Vorentscheidung erneut vorgenommen.

Wendet man sich dem wissenschaftlichen Anspruch der Methode zu,

---

[9] ‚Erarbeiten' heißt hier nicht unbedingt, dass genuin neue Mathematik entsteht, die Sachanalyse kann auch bislang für Zwecke des Unterrichts nicht genutzte Mathematik erschließen bzw. Theoriesysteme mit Blick auf ihre Bedeutung für Unterricht reduzieren, vgl. Vollrath 1979.

[10] Vgl. Griesel 1972, S. 78

[11] Vgl. insbesondere Griesel 1997

[12] Griesel 1972, S. 80

so erkennt man schnell, dass er in Bezug auf den mathematischen Teil der Sachanalyse sehr hoch ist, die Analyse hat den streng festgelegten Methoden mathematischer Forschung zu folgen.

Mit Blick auf die didaktische Orientierung ist der Anspruch hingegen eher gering: Die didaktische Vorentscheidung erscheint recht willkürlich, man könnte fast von ‚trial and error' sprechen. Bedenklich ist auch der Status, der empirischen Verfahren für die didaktische Vorentscheidung eingeräumt wird: Ihnen obliegt es einzig und allein, die Praktikabilität ausgearbeiteter Unterrichtsgänge ex post nachzuweisen[13].

Wissenschaftliche Autorität erlangen didaktisch orientierte Sachanalysen demnach in erster Linie im Bereich der mathematischen Verträglichkeitsprüfung. Dies war zur Zeit der Konzeption dieses Ansatzes ein durchaus akzeptiertes Ziel, war doch die Verwissenschaftlichung des Unterrichts seit dem ‚Sputnik-Schock' ein wesentliches Ziel der Bildungspolitik. Es entstand (wie in Abschnitt 1.3 bereits gesehen) ein enormer Druck, die gewonnenen Erkenntnisse möglichst umgehend in Reformen des Schulalltags umzusetzen. Aus den Hintergrundtheorien wurden häufig Blaupausen für die Gestaltung mathematischer Lehrgänge. Da man die mathematische Analyse sauber und methodisch exakt durchführen konnte, wurde sie mithin zur Basis aller didaktischen Entscheidungen; eine Rolle, die ihr aufgrund der mit ihr einhergehenden spezifischen Reduktionen eigentlich gar nicht zugestanden werden konnte. GRIESEL jedenfalls räumte durchaus Grenzen der Methode ein: „In einer mathematischen Analyse mag man sehr feine und tiefsinnige Unterscheidungen vorgenommen haben. In einer nachfolgenden empirischen Untersuchung mag man aber feststellen, daß diese Unterscheidung für den mathematischen Lernprozeß bedeutungslos ist"[14].

War GRIESEL mit der Sachanalyse zunächst nur davon ausgegangen, wesentliche Probleme des Mathematikunterrichts aufspüren zu können und Vorschläge für ihre Lösung zu unterbreiten, so wurde sie de facto vielfach so verwandt, als ob sie alle Probleme zu identifizieren und zu lösen vermochte. Spätestens hier aber sind die Grenzen der Wissenschaftlichkeit des Verfahrens überschritten und die Methode ist tenden-

---

[13] An dieser Stelle muss man allerdings einräumen, dass sich die Mathematikdidaktik zur Zeit von Griesels Arbeiten generell noch nicht der möglichen Bedeutung etwa qualitativ empirischer Verfahren zur Beurteilung der Probleme des Mathematikunterrichts bewusst war.

[14] Griesel 1972, S. 80. Interessant ist auch hier, dass der offensichtlich ebenso wahrscheinliche Fall, dass einem die empirische Untersuchung Unterscheidungen aufdrängt, die einem aus mathematischer Sicht zunächst irrelevant erscheinen, hier und auch im gesamten Text von Griesel völlig unberücksichtigt bleibt.

ziell zum Werkzeug der Ideologie geworden.

Die Stoffdidaktik hat sich durch derartige Tendenzen nachhaltig diskreditiert, sie hat eine Flut von Kritik hervorgerufen, gleichzeitig aber auch die Suche nach anderen Methoden, die verstärkte Hinwendung zu pädagogischen, bildungstheoretischen und lernpsychologischen Theorien und nicht zuletzt eine verstärkte Berücksichtigung des empirischen Zugriffs auf Mathematikunterricht nach sich gezogen. Insgesamt dürfte auch das Niveau der Reflexion über die eigene wissenschaftliche Tätigkeit gestiegen sein. Dies bietet uns aus heutiger Sicht die Chance, nach tiefergehenden Problemen der Methode zu suchen und die Perspektiven für deren Überwindung zu erkennen.

Zentrale Probleme der Sachanalyse aus heutiger Sicht

Die spezifische Reduktion der Komplexität von Realität besteht bei der Sachanalyse in der Reduktion des ‚didaktischen Dreiecks' auf die ‚Sache', ergo den mathematischen Gegenstand. STEINBRING sieht nun zwei wesentliche theoretische Standpunkte, die diese Reduktion in Frage stellen:

(1) Die philosophische und epistemologische Kritik wirft der Stoffdidaktik bzw. der Sachanalyse vor, eine zu schlichte Deutung von mathematischem Wissen vorzunehmen. Sachanalysen produzieren mathematisches Wissen in Form von deduktiv-axiomatischen Theorien. Sie reduzieren dieses Wissen auf seine formal-systematische Darstellung. Das scheint den Kritikern – sowohl mit Blick auf Universitätsmathematik, als auch und erst recht mit Blick auf Schulmathematik – als zu eingeschränkt. Sachanalysen konzentrieren sich – so der Kern der Kritik – auf das Produkt ‚Mathematik', nicht auf den Prozess des ‚Mathematisierens'.

(2) Die soziologisch-interaktionistische Kritik wirft der Sachanalyse zudem ein unzulässig vereinfachtes Bild mathematischer Lehr-Lern-Prozesse vor. Kurz gesagt: Im Mathematikunterricht werde nicht einfach objektiv vorhandenes Wissen mit einer objektiv vorhandenen Struktur in die Köpfe der Schüler transferiert. Vielmehr werde die Bedeutung von Wissen in einem sozialen Prozess zwischen Schülern und Lehrer ausgehandelt, Wissen somit aktiv konstruiert. Dieser Prozess der sozialen Aushandlung der Bedeutung sei als autonomes System anzusehen. Mathematikunterricht sei demnach eine von der wissenschaftlichen Disziplin unabhängi-

ge Kultur, die durch die Struktur der wissenschaftlichen Disziplin nicht direkt bestimmt werden könne[15].

Damit ist aber die Methode der didaktisch orientierten Sachanalyse ganz grundsätzlich in Frage gestellt:. Die von STEINBRING angeführten Kritikpunkte besagen letztlich, dass sowohl ihre spezifische Reduktion als auch ihr professionelles Werkzeug ungeeignet sind, mathematische Lehr-Lernprozesse wissenschaftlich zu verstehen. Die Kritik wird teilweise noch härter formuliert: Stoffdidaktik habe sich nie für tatsächlich existierenden Mathematikunterricht interessiert. Zu seiner tieferen Durchdringung sei sie prinzipiell schon deshalb nicht brauchbar, weil sie jede Äußerung des Schülers gemäß der zweiwertigen Logik der Mathematik nur in ‚richtig' oder ‚falsch' klassifizieren könne. Zum Untersuchungsgegenstand sollten vielmehr der Prozess der individuellen Aneignung von Mathematik (lernpsychologische Richtung) oder aber die Bedingungen der sozialen Konstruktion von Wissen und Bedeutung (interaktionistische Richtung) werden[16].

Es scheint hier zunächst so, als ob die Sachanalyse damit ad acta zu legen sei und sie generell mit den anderen Forschungsrichtungen unversöhnlich wäre. Dem möchte ich widersprechen. Eine Annäherung trotz oder bei gleichzeitig komplementärer Nutzung dieser Forschungsansätze scheint mir sinnvoll und möglich. Kristallisationspunkt einer solchen Annäherung bzw. Komplementarisierung von sachanalytischer und empirischer Forschung ist dabei die jeweils enthaltene Auffassung der Natur der Inhalte des Mathematikunterrichts, die im nächsten Abschnitt ausführlich diskutiert werden soll.

Die Inhaltsbegriffe von Sachanalyse und empirischer (Inhalts-) Analyse

Es soll also im Folgenden das Verständnis von ‚Inhalt', welches die didaktisch orientierte Sachanalyse impliziert, den Inhaltsbegriffen (vornehmlich qualitativ) empirischer Verfahren der Analyse von Inhalten[17] gegenübergestellt werden. Auch diese Verfahren kommen gemäß der eingangs angeführten Überlegung nicht umhin, die Komplexität der

---

[15] Vgl. Steinbring 1998, S. 162

[16] Etwas überspitzt gibt dies die Kritik von Voigt 1995, S. 153 wieder.

[17] Hierunter sollen verstanden werden einerseits Verfahren der Inhaltsanalyse im engeren Sinne (vgl. Mayring 2000) sowie andere rekonstruktive qualitative bzw. interpretative empirische Verfahren, die zur Analyse der Unterrichtsinhalte eingesetzt werden (vgl. allgemein Wagner 1999, sowie mathematikdidaktisch Voigt 1995).

Realität zu reduzieren und ihren Blick somit eine spezifisch gefärbte Brille auf Unterrichtsprozesse zu werfen, denen auch jeweils ein spezifisches Inhaltsverständnis zu Grunde liegt.

	Sachanalyse	(qualitativ) empirische (Inhalts-)Analyse
Inhaltsbegriff	abstrakt theoretisch, gedankliches Konstrukt, auf mathematische Zusammenhänge fokussiert	empirisch vermittelt, fixiert (‚Text' im weiteren Sinne), auf die beobachtbare Auseinandersetzung von Lernern mit Mathematik fokussiert
zielt auf...	Wissen	Konstruktion von Wissen
Wissen als...	stabil, überindividuell	virulent, kontextuell, individuell
Verfahren	mathematische Analyse	Inhaltsanalyse (im engeren Sinn), interpretative Analyse, linguistische Analyse, semiotische Analyse, (objektiv) hermeneutische Analyse, ...

Tabelle 2.1.1: Sachanalyse und (qualitativ) empirische (Inhalts-)Analyse im Vergleich

Der Inhaltsbegriff bzw. der Gegenstand von Sachanalysen ist ein abstrakt theoretischer. Er ist ein gedankliches Konstrukt. Analysiert wird ein Ausschnitt aus dem (mathematischen) Wissen. Dies geschieht völlig unabhängig von Schülerinnen oder Schülern, unabhängig von sozialen Arrangements oder Aushandlungssituationen im Mathematikunterricht. Das setzt voraus, dass Wissen (zumindest in ausschlaggebendem Maße) als überindividuell vorhanden, als objektiv und relativ stabil angesehen wird.

Empirische Verfahren arbeiten hingegen mit empirisch vermittelten Inhalten. Immer wird Realität beobachtet, ihre Ausdrucksgestalten protokolliert und anschließend auf die ihnen inneliegenden Wissenselemente und deren situative und kontextuelle Konstitution hin analysiert.

Im Gegensatz zum sachanalytischen Vorgehen will man hier in der Regel nicht das (objektive) Wissen an sich, sondern eben dessen individuelle oder sozial konstituierte Konstruktion analysieren. Hier wird also davon ausgegangen, dass Wissen (zumindest in einem ausschlaggebendem Maße) virulent ist, kontextuell und individuell gefärbt, dass das Wissen eben nicht an sich untersucht werden kann, dass der Beobachter Wirklichkeit zu reinterpretieren hat und Bedeutungen nur erfassen kann, indem er Handlungen und Äußerungen der untersuchten Personen als indirekten Ausweis dieser Bedeutungen analysiert[18].

Sowohl bei qualitativ empirischen als auch bei sachanalytischen Verfahren gibt es zwar einen Schritt der Analyse bzw. Auswertung der Inhalte. Sachanalyse setzt hier allerdings im klassischen Verständnis ausschließlich mathematische Verfahren ein. Qualitativ empirische Verfahren greifen hingegen auf ein ganzes Spektrum unterschiedlicher Theoriehintergründe zurück (soziologische Theorien wie z.b. symbolischer Interaktionismus, Systemtheorie, Strukturalismus; hermeneutische Traditionen; linguistische Theorien; semiotische Theorien, um die wichtigsten zu nennen).

Kurz:

1. Der Gegenstand einer Sachanalyse sind theoretische Konstrukte als Ausschnitte eines überindividuell angenommenen objektiven (mathematischen) Wissens, dessen objektive (mathematische) Strukturen sie herausarbeiten. Qualitative Verfahren nähern sich hingegen dem Wissen „von der Seite seiner subjektiven Zueignung"[19].

2. Sachanalysen arbeiten darüber hinaus im Unterschied zum qualitativ empirischen Verfahren nicht mit einem empirisch vermittelten Inhaltsbegriff (einem Protokoll eines Ausschnitts von Realität).

3. Schließlich beschränkt sich die Sachanalyse auf die Mathematik als einzig relevante Hintergrundtheorie.

Auch an dieser Stelle kann man auf die Bedeutung der Verschränkung des Prozess- und Produkt-Charakters mathematischen Wissens[20] rekurrieren: Die didaktisch orientierte Sachanalyse betrachtet Inhalt und Wissen als tendenziell objektivierbar und steht damit der produktorientierten Auffassung näher. Die empirische Inhaltsanalyse betrachtet Inhalt und Wissen als soziale und individuelle Konstruktionsleistung, fokussiert damit also die Prozesshaftigkeit mathematischen Wissens.

Hier nun kommen wir an einen entscheidenden Punkt: Die mathematischen Konstruktionsleistungen der Schülerinnen und Schüler mögen als eigene, von der Fachwissenschaft Mathematik zunächst unabhängige Kultur betrachtet werden, ihre Bewertung aus didaktischer Sicht ist aber ohne einen objektivierbaren fachlichen Kern unmöglich. Schuli-

---

[18] Vgl. Voigt 1995, S. 154

[19] Adorno 1972, S. 94

[20] Vgl. Abschnitt 1.8

sche Lernprozesse laufen unter gewissen Bedingungen und mit gesell-
schaftlich bestimmten Zielvorstellungen ab. Was und wie Schülerinnen
und Schüler im Mathematikunterricht lernen, ist nicht ihre autonome
Entscheidung und ist kein von außen unbeeinflusster Prozess. Die Inhalte des Mathematikunterrichts haben spezifische Funktionen und diese sind mitentscheidend für die Frage, ob und in welchem Maße die mathematischen Lernprozesse als erfolgreich verlaufen angesehen werden.
Hier ist m.E. die von BAUER geäußerte Skepsis zu teilen, inwiefern es im
Zuge einer verstärkten Orientierung an qualitativen Verfahren sinnvoll
sein könne, „die vermeintliche Objektivität des mathematischen Stoffes
im Rahmen subjektiver Handlungen aufzulösen" und in wieweit man
dabei „der Gefahr eines in subjektiver Beliebigkeit ausufernden Kon-
struktivismus"[21] entgehen könne.

Als produktiv haben sich an dieser Stelle für mich die von PETER
MENCK in der Erziehungswissenschaft angestellten Überlegungen zum
Unterrichtsinhalt[22] erwiesen. Wie gesehen fokussieren qualitativ empirische Verfahren den Prozess der individuellen und sozialen Konstruktion mathematischen Wissens durch die Schülerinnen und Schüler bzw.
auf deren Lernprozesse. Nun sind diese Konstruktionsleistungen wie
gesehen nicht frei von äußeren Zwängen, die sich aus der Rahmung
der Unterrichtssituation und ihren pädagogischen Zwecken ergeben.
‚Lernen' im schulischen Kontext meint dementsprechend auch etwas
anderes, spezielleres als sowohl das, was unser Alltagsverständnis von
Lernen umfasst, als auch als das, was Psychologen unter ‚Lernen' verstehen. Im psychologischen Vokabular ist ‚Lernen' ein innerer Prozess
des Individuums, der nicht beobachtet sondern auf den nur aus Ände-
rungen des Verhaltens oder des Verhaltenspotenzials zurückgeschlos-
sen werden kann[23].

Unter pädagogischen Gesichtspunkten bezeichnet ‚Lernen' hingegen
eine spezifische Form von ‚Arbeit', eine beobachtbare Tätigkeit, die einerseits vom ‚Spielen', andererseits vom ‚Lehren' abgrenzbar ist. Die
wesentlichen Ziele *schulischen* ‚Lernens' sind dabei nach MENCK Bildung und Mündigkeit[24]. MENCK vermeidet allerdings den Lernbegriff

---

[21] Bauer 1995, S. 15. In der Lernpsychologie markiert diese Stelle genau den Übergang
von den Überlegungen Piagets zu denen Bruners bzw. genauer den Übergang zur expliziten Berücksichtigung des Einflusses instruktionaler Maßnahmen bei Letzterem,
vgl. Abschnitt 1.4, S. 22.
[22] Menck 1986
[23] Vgl. etwa Zimbardo 1992, S. 227
[24] Vgl. Menck 1986, S. 33ff

weitgehend und spricht von „pädagogischer Arbeit"[25], er betont damit die spezifische gesellschaftliche Funktion schulischer Betätigungen. Von der alltäglichen Arbeit unterscheidet sich die pädagogische Arbeit darin, dass ihre ‚Produkte' nicht nach ihrem unmittelbaren Gebrauchswert zu bewerten sind, sondern letztlich nach deren Beitrag zu den genannten Zielen. Der Unterrichtsinhalt ist dabei das Medium, in dem die pädagogische Arbeit stattfindet[26]. Der Begriff des Unterrichtsinhalts stellt dabei bei MENCK gewissermaßen eine Klammer zwischen von außen in den Unterricht hereingebrachten Themen bis hin zu den am Ende des Unterrichtsprozesses verfügbaren Produkten dar.

Hier nun kommen wir zum Kerngedanken, der eine Antwort auf die Frage von BAUER nach der Auflösung der Objektivität der Inhalte in subjektive Handlungen erlaubt: Eine Auflösung der Unterrichtsanalyse in die Analyse subjektive Betrachtungsweisen der am Unterricht Beteiligten fokussiert die individuell nachweisbaren Lernergebnisse der Schülerinnen und Schüler. Will Unterricht seinen gesellschaftlichen Verpflichtungen nachkommen, so muss er aber nach MENCK nachweisen können – und für alle Beteiligten in regelmäßigen Abschnitten Klarheit darüber schaffen – „was unter Maßgabe des jeweiligen ‚Themas' erarbeitet, zusammengetragen und als gültig festgehalten" werden soll sowie über „das, worüber Schüler schließlich verfügen sollen und können (wenn sie wollen)"[27]. MENCK betont hier die Bedeutung der analytischen Trennung dieses (allgemein verbindlichen) *Unterrichts*ergebnisses von den individuellen *Lern*ergebnissen der Schülerinnen und Schüler[28]. Unterricht kann nur stattfinden, wenn er einen verbindlichen Kern überindividuell geteilten oder zu teilenden Wissens als Produktionsziel seiner Arbeit annimmt. Das bedeutet gleichzeitig, dass auch präskriptiv etwas bestimmt werden können muss, was dem Zweck der Erreichung dieser Ziele als ‚Medium' dient, und genau diese Funktion weist MENCK den Unterrichtsinhalten zu.

Hier allerdings scheint mir der Blick von MENCK zu eingeschränkt: Trennt man strikt zwischen den Inhalten als bloßen ‚Mitteln' zur Erfüllung pädagogischer Zwecke und den pädagogischen Zwecken, so ist man relativ schnell bei rein formalen Bildungsbegriffen angelangt, de-

---

[25] Menck 1986, S. 62

[26] Vgl. a.a.O., S. 63ff

[27] A.a.O., S. 74

[28] Es sind gewissermaßen zwei Paar Schuhe zu fragen, was das Unterrichtsergebnis einer Stunde ist und wie viel davon beim einzelnen Schüler tatsächlich als individuell verfügbares Lernergebnis ankommt. Menck betont hier, dass auch empirische pädagogische Forschung sich nicht auf zweiteres beschränken sollte, vgl. a.a.O., S. 75

nen die Inhalte als beliebig und austauschbar gelten. Ich würde daher ergänzen wollen, dass die Inhalte im Unterricht nie *nur* für sich stehen, sondern immer *auch* Träger eines pädagogischen Zwecks sind. Die Inhalte sind Bildungs*inhalte* genauso wie sie *Medium* von Bildung sind. Man könnte in MENCKs Sinne einräumen: Dort wo die Inhalte offenkundig keinerlei pädagogischem Zweck dienen, können sie schwerlich Bildungsinhalte sein. Das heißt aber nicht, dass sie ihrem Inhalt nach beliebig sind, insbesondere kann es für den Mathematikunterricht nicht heißen, dass ihre fachinhaltliche Dimension, ihr Stellenwert und ihr Beziehungsgefüge im Aufbau der mathematischen Theorie, irrelevant ist oder den pädagogischen Zwecken zu weichen hätte. Es scheint mir angebracht, an dieser Stelle den Überlegungen MENCKs zur Charakteristik der Inhalte noch etwas weiter zu folgen.

Exkurs: Der Unterrichtsinhalt nach Menck

Der Ansatz von MENCK entwickelt das Verständnis des Unterrichtsinhalts, ausgehend vom Verständnis in der pädagogisch-didaktischen Tradition bis hin zur Grundlegung einer „Methode der Analyse, die es erlaubt, den Unterricht und seine Inhalte im Kontext von Fachwissenschaft, Lehrerausbildung, Schule und Lehrplan zu interpretieren" (Menck 1986, Klappentext). Diese Klammerung von pädagogischer Tradition und empirischer Unterrichtsforschung macht das Konzept für die hier angestrebte Erweiterung des Verständnisses von Sachanalyse interessant. MENCK stellt in seiner Arbeit zunächst das Verständnis des Unterrichtsinhalts in der pädagogischen Tradition dar. Er rekurriert hier auf das bereits eingangs erwähnte ‚didaktische Dreieck' mit seinen „drei Instanzen" (A.a.O., S. 21):

–   „Kinder und Jugendliche als Schüler [...] vielmehr das Individuum, das Subjekt, je nach philosophischem Geschmack ein geistiges Selbst bzw. lernfähiges Wesen" (A.a.O.),

–   „die Wirklichkeit, die Welt [...] eigentlich eher eine Natur- und Geisteswelt, die der Wissenschaft insbesondere, also: etwas Objektives oder Allgemeines" (A.a.O.).

–   Schließlich die Lehrperson, die mithilfe ihrer „methodischen Arrangements" die zuvor genannten verknüpft, bzw. dafür

---

Sorge trägt, dass „Allgemeines und Individuelles, objektiver und subjektiver Geist zusammengebracht werden" (Menck 1986, S. 21).

Durch diesen Rahmen wird das konstituiert, was wir im Allgemeinen unter ‚Unterricht' verstehen. Wesentlicher Zweck dieser „Veranstaltung" ist nach MENCK –„sofern es ihm um Inhalte geht"– *Bildung*, d.h. Unterricht findet statt, „damit junge Menschen sich etwas Allgemeines erschließen, oder es wird ihnen erschlossen [...]. Diese Möglichkeit wird ihnen eröffnet, ja sie werden geradezu dazu gezwungen um ihrer Zukunft und *Mündigkeit* willen, die Lehrer und Erzieher, stellvertretend für sie wahrnehmen – das ist der *pädagogische Zweck*" (A.a.O., S. 22).

Gemäß dem Inhaltsbegriff der didaktisch orientierten Sachanalyse ist der ‚Inhalt' Teil der zweiten Instanz, ein Ausschnitt aus der Wirklichkeit (ein Teil des mathematischen Wissens), dessen Analyse mit Hilfe der Methodik des zu Grunde liegenden Wirklichkeitsbereiches (der Fachwissenschaft Mathematik) durchzuführen ist. Dem didaktischen und pädagogischen Zweck der Inhalte kommt beim klassischen Verständnis der Sachanalyse nur eine Funktion beim Treffen der didaktischen Vorentscheidung zu, für die eigentliche Sachanalyse ist er irrelevant.

Nach MENCK verkennen derartige Analysen allerdings die eigentliche Natur der Inhalte im Kontext der pädagogischen Situation ‚Unterricht'. MENCK führt zur näheren Beschreibung dieser Natur zunächst den Begriff der ‚Themen' als „durch den Lehrplan vorgegebenen, mehr oder weniger eng eingegrenzten sachlichen Einheiten [...] innerhalb von Fächern oder fächerübergreifend"(A.a.O., S. 73) ein. Die Verkürzung der traditionellen Auffassung von Unterrichtsinhalt besteht nun seines Erachtens darin, diese Themen als Ausschnitte der Wirklichkeit aufzufassen, auf die im Unterricht als Inhalte unmittelbar zugegriffen wird.

Richtig sei hingegen nach MENCK, dass nicht die Wirklichkeit selbst oder die gesellschaftliche Praxis Eingang in den Unterricht finde, sondern dessen Inhalte „symbolische Repräsentationen von gesellschaftlicher Praxis" (A.a.O., S. 54), d.h. Wissen von der Wirklichkeit bzw. gesellschaftlichen Praxis seien. Dieses Wissen werde nicht einfach nur angehäuft, sondern mit dem Ziel der Entfaltung der vollen „Menschlichkeit des Menschen" (A.a.O., S. 36) erworben. Unterricht arbeite demnach nicht mit Inhalten als Ausschnitten der Realität, sondern mit „Dokumenten"(formaler: symbolischen Repräsentationen) dieser und dies macht eine Interpretationsleistung des Subjektes nötig: „Die Inhalte sind nicht eo ipso Dokumente der Menschlichkeit des Menschen; sie enthalten nicht von hause aus einen ‚bildenden Gehalt' oder ‚emanzipatorische' Qualität, die es im Unterricht herauszuarbeiten bzw. anzueignen gälte. Diese Qualität muss ihnen vielmehr in stets vollständig neuer und eigenständiger Anstrengung abgerungen werden" (Menck 1986, S. 36). Inhalte sind demnach nicht irgendwelche willkürlich ausgewählten Ausschnitte der gesellschaftlichen Praxis, sondern es sind gleichsam ‚Zeichen', „die auf ein allen Menschen einer Kultur Gemeinsames, Sinnvolles verweisen, die etwas bedeuten" (A.a.O., S. 54). In der Herausarbeitung des ‚Symbolischen' dieser Inhalte liegt dann nach Menck die Aufgabe der Inhaltsanalyse: „Die Analyse von Unterrichtsinhalten muß vom Zeichen zum Bezeichneten gehen, muß den Sinn rekonstruieren, der in den Unterrichtsinhalten gleichsam aufbewahrt liegt" (A.a.O.). Menck nimmt damit eine Einschränkung der Objektivität der Inhalte gegenüber dem klassischen Verständnis vor. Unterricht arbeitet nicht mit objektivierbaren Ausschnitten der Wirklichkeit sondern thematisiert Konstruktionen gesellschaftlicher Praxis, „dem Chaos abgerungene Ordnung, wie es Adorno sagt" (A.a.O., S.55), im Medium der Unterrichtsinhalte als symbolischen Repräsentationen dieser Praxis, die interpretationsbedürftig, gleichsam zu „rekonstruieren" sind.

Auch an dieser Stelle scheint mir der Fokus von MENCK zu eng: In der Dualität von Zeichen und Bezeichnetem reproduziert sich hier die Trennung von Bildungsinhalten und Inhalten als Medium von Bildung. Produktiver erscheint mir auch hier, die Inhalte als etwas Erstes, Unmittelbares aufzufassen *und* als Träger eines Bildungszweckes. Die Inhalte stehen in meinem Verständnis, abweichend von MENCK, zum Teil für sich und zum Teil sind sie Symbol für eine gesellschaftliche Praxis. In dieser Variation finden wir dann deutliche Parallelen zur Erziehungsphilosophie WHITEHEADs und zur kategorialen Bildung KLAFKIs: Inhalte als symbolische Repräsentation (in Form von Dokumentationen des Wissens über die Wirklichkeit bzw. gesellschaftliche Praxis) wären im Sinne WHITEHEADs ‚das Besondere'; Ziel des Unterrichts ist die Herausarbeitung des ‚Allgemeinen', des bildenden Gehalts bzw. emanzipatorischen Potenzials, dass dem Besonderen in der Unterrichtssituation stets aufs Neue herauszuarbeiten ist.

Nach WHITEHEAD sind es aber gerade die grundlegenden Ideen, denen eine entscheidende Rolle bei der Erschließung des Allgemeinen in der Auseinandersetzung mit dem Besonderen beizumessen ist, und hier zeigt sich die Passung des erweiterten MENCKschen Begriffs von Unterrichtsinhalt und die Verbindung zu dessen und KLAFKIs Bildungsverständnis: Den Dokumenten gesellschaftlicher Praxis resp. symbolischen Repräsentationen dieser ist ihr Beitrag zur Erschließung des Allgemeinen im Unterrichtsprozess erst noch abzuringen. Werden grundlegende Ideen als entscheidende Kategorie dieses Erschließungsprozesses aufgefasst, so sind sie

- *analytisch bedeutsam*, bereits für die präskriptive Analyse der Inhalte, da sie deren Bildungsgehalt herauszuarbeiten helfen, was sie im engeren Sinne erst zu Bildungsinhalten und damit zu potenziellen Unterrichtsinhalten werden lässt,

- *bildungstheoretisch bedeutsam*, denn ihnen wird die kategoriale Bedeutung im doppelten Sinne KLAFKIs zugemessen; nämlich dass vermittels ihrer expliziten Thematisierung – bzw. bescheidener der Akzentuierung und Pointierung der Unterrichtsinhalte auf sie hin – das Subjekt sich „die Wirklichkeit ‚kategorial'" erschließe und dass es selbst „– dank der selbstvollzogenen ‚kategorialen Einsichten, Erfahrungen, Erlebnisse – für eine Wirklichkeit" (Klafki 1963a, S.44) erschlossen werde.

Resümee

Das Inhaltsverständnis der klassischen Sachanalyse verengt die Analyse der Unterrichtsinhalte auf deren fachwissenschaftlich stringente Durchdringung. Die didaktische Zweckbindung der Inhalte verschiebt sie in die Phase der ‚didaktischen Vorentscheidung'. Dies greift zu kurz, da mathematisches Wissen als Ausschnitt der Wirklichkeit bzw. gesellschaftlichen Praxis nicht unmittelbarer Inhalt des Unterrichts ist, sondern Unterricht immer auch die Interpretation von symbolischen Repräsentationen der gesellschaftlichen Praxis ist. ‚Symbolisch' meint hier, inwiefern der einzelne Inhalt (das ‚Besondere') Aufschluss über das

‚Allgemeine' erlaubt, d.h. über die Bedeutung des Inhalts für das Verständnis der Konstruktionsleistungen gesellschaftlicher Praxis. Grundlegende Ideen greifen aber genau in diesem Punkt: sowohl im Verständnis WHITEHEADs, als auch im Verständnis SCHREIBERs, denn sie dienen der Erschließung des Sinns mathematischer Inhalte, d.h. der in ihnen enthaltenen Kategorien des Alltagsverstandes einerseits und ihrer
kategorialen Bedeutung für das Verständnis der Mathematik im Rahmen der allgemeinen wissenschaftlichen Erschließung bzw. Konstruktion von Wirklichkeit.

Als Analysebegriff einer didaktisch orientierte Sachanalyse implizieren
grundlegende Ideen damit eine Öffnung des Analyseverfahrens weg
von einer rein fachmathematisch organisierten ‚Lehrstoffanalyse' hin
zu einer bildungstheoretisch motivierten Analyse. Auch innerhalb der
Mathematikdidaktik finden wir – unabhängig von den Überlegungen
MENCKs – ähnliche Erweiterungen des Verständnisses sachanalytischer
Verfahren. So spricht sich etwa JAHNKE mit seiner „didaktischen Rekonstruktion" dafür aus, „die dem Stoff zu Grunde liegenden Fragen,
seine Notwendigkeit und seine Entwicklung, seine Genese aus didaktischer Sicht zu rekonstruieren"[29]. Mit Blick auf die Balance zwischen
objektivistischer und subjektivistischer Mathematikauffassung gewinnen wir durch MENCKs Überlegungen weitere Klarheit. Auch die von
BAUER aufgeworfene Frage nach der Möglichkeit einer Auflösung der
Objektivität der mathematischen Inhalte in subjektiven Zugängen haben wir in der Auseinandersetzungen mit MENCK neue Erkenntnisse
gewonnen: Ein Verzicht auf die objektive Seite mathematischen Wissens
ist unzulässig. Da die Inhalte allerdings im Unterricht nicht nur um ihrer selbst willen präsent sind, kann die fachwissenschaftlich gesetzte
Objektivität allein nicht ausschließlicher Maßstab zur Beurteilung dem
Unterricht unterliegender stofflicher Strukturen darstellen.

Die Inhalte sind immer auch Träger pädagogischer Zwecke. Neben die
Berücksichtigung der subjektiven Zugänge und der objektiven Struktur
muss also die Frage der pädagogischen Legitimität der Inhalte treten.
Ihre Bedeutung für den Unterricht erlangen die Inhalte also ganz wesentlich durch das Herausschälen des Beitrags der Inhalte für die symbolische Repräsentation des Allgemeinen, ihrer Bedeutung für die Erkenntnis der gesellschaftlichen Konstruktion der Wirklichkeit.

Als Analysekategorie kommt grundlegenden Ideen dann genau die
Rolle zu, die didaktische Rekonstruktion im Sinne JAHNKEs zu stützen.

---

[29] Jahnke 1998, S. 72

Sie verdichtet dabei die Frage der Legitimität der Unterrichtsinhalte gemäß SCHREIBER zur Frage nach ihrem Potenzial, Aufschluss über inhärente Kategorien des Alltagsverstandes und Bedeutung im Kontext von Mathematik als Teil der allgemeinen wissenschaftlichen Erschließung der Realität zu erlangen.

Mit den Überlegungen von MENCK müssen wir den Versuch der Generierung von Legitimität durch die Formulierung mathematisch präziser Hintergrundtheorien endgültig zurückweisen: Mathematische Themen die in den Unterricht kommen sind dort nicht einfach nur Ausschnitte der Wirklichkeit bzw. der gesellschaftlichen Praxis sondern stets auch symbolische Repräsentationen dieser Praxis. Legitimität erlangen sie durch ihren Beitrag zum ‚Allgemeinen', durch die Erschließung des den Themen immanenten Bildungsgehaltes bzw. emanzipatorischen Potenzials. Damit wird deutlich, dass Inhalte stets nur Legitimität bezüglich eines bestimmten Bildungsverständnisses erlangen können, welches eine bestimmte Auffassung mathematischen Wissens in seiner Bedeutung für die gesellschaftliche Praxis, der (wissenschaftlichen) Erschließung bzw. Konstruktion von Wirklichkeit, zwingend nach sich zieht. Kurz: Sachanalyse bleibt nicht unberührt vom „Normenproblem"[30].

Dadurch verliert die Sachanalyse gegenüber dem klassischen Verständnis an Alleinstellungsanspruch, andererseits eröffnet sich durch die stärkere Integration der ‚didaktischen Orientierung' auch ideologiekritisches und konstruktives Potenzial für die Sachanalyse: Ihre Aufgabe ist nicht mehr die fachmathematische ‚wasserdichte' Konstruktion einer allgemein gültigen Hintergrundtheorie, sondern sie kann einerseits die Rekonstruktion eines zu Grunde gelegten Mathematikverständnisses und dessen Passung zu normativ festgelegten Bildungszielen sein; sie kann andererseits helfen, konkurrierende Bildungsziele bei der Konstruktion von Unterrichtsalternativen umzusetzen. Grundlegende Ideen könnten hier sowohl analytisch wie auch konstruktiv ihr Potenzial entfalten, da sie gemäß den Vorstellungen von WHITEHEAD, SCHREIBER und SCHWEIGER diejenigen Kategorien darstellen, die die Rekonstruktion des ‚Sinns' der mathematischen Themen, ihre Beitrags zum ‚Allgemeinen', unterstützen sollen.

Wesentlicher Schlüssel zur Nutzung dieses Potenzials scheint mir das von PESCHEK angeregte Verständnis grundlegender Ideen als Metakonzepte und die Diskussion zugeordneter lokaler Subkonzepte zu sein. Letztere verspricht zusätzlich eine nach den vorangegangenen Überle-

---

[30] Vgl. Abschnitt 1.9, sowie eingehender Führer 1997, S. 81 ff

gungen ebenfalls erstrebenswerte Öffnung der Sachanalyse in Richtung der qualitativ empirischen Erforschung von Mathematikunterricht.

Eine wichtige Einschränkung müssen wir an dieser Stelle treffen, die auch MENCK einräumt: Der hier benutzte Begriff von Unterrichtsinhalt und die folgenden Implikationen für die – präskriptive wie empirische – Untersuchung der Unterrichtsinhalte dienen deren *wissenschaftlicher* Durchdringung. Von der alltäglichen Unterrichtspraxis bzw. der tagtäglichen Unterrichtsplanung kann man ein derartiges Reflexionsniveau nicht durchgängig verlangen. Auch im Rahmen dieser Arbeit soll dieser Einschränkung in geeigneter Weise Rechnung getragen werden: Beschränken wir grundlegende Ideen auf die vergleichsweise hehre Forderung nach dem Herausstellen des ‚Allgemeinen' im Medium der konkreten Unterrichtsinhalte, so laufen wir Gefahr, jene praktische Bedeutungslosigkeit noch zu bekräftigen, welche den bildungstheoretisch fundierten Konzepten ohnehin ein Stück weit anhaftet. Der einzige Weg, diese Gefahr zu umgehen, scheint mir darin zu liegen, den ‚Sinn' als Klammer zwischen pragmatischer und bildungstheoretischer Dimension aufzufassen und diese ‚Klammerfunktion' als integralen Teil des Begriffsverständnisses grundlegender Ideen aufzunehmen. Dies soll u.a. im folgenden Abschnitt geschehen.

2.2 Grundlegende Ideen als Metakonzepte: Begriffsverständnis und Vorauswahl

An die inhaltlichen Überlegungen im ersten Kapitel und die methodologischen Überlegungen des letzten Abschnittes anschließend soll zunächst folgendes, für den weiteren Verlauf der Arbeit handhabbares Begriffsverständnis grundlegender Ideen als Basis dienen:

1. Grundlegende Ideen sind *Metakonzepte*, d.h. Bündel spezifischer Handlungen, Strategien, Techniken und Zielvorstellungen sowie zugeordneter oder abgeleiteter lokaler Subkonzepte.

2. *‚Grundlegend'* schließt die Vorstellung einer Reichhaltigkeit bzw. *Bedeutsamkeit* ein, die sowohl aktuell innermathematisch, wissenschaftshistorisch als auch außermathematisch anwendungsbezogen verstanden werden kann.

3. Die *Bedeutsamkeit* der Ideen zeichnet sich insbesondere dadurch aus, dass sie

   - im Bereich des alltäglichen Denkens Bedeutung entfalten, d.h. entsprechende Handlungen, Strategien, Techniken und Zielvorstellungen auf einer vorwissenschaftlichen, präformalen Ebene nachweisbar sind,

   - im Bereich der Wissenschaftsdisziplin Mathematik als entsprechende Handlungen, Strategien, Techniken und Zielvorstellungen nachweisbar sind; d.h. die Ideen haben im Bereich fachwissenschaftlichen Denkens Bedeutung.

4. Entscheidend für die Bedeutung grundlegender Ideen für das Lernen von Mathematik ist, inwiefern Anlass zu der Vermutung besteht, dass sie

   - auf der Basis lokaler Subkonzepte für den Lernenden hilfreich für den Erwerb (die Konstruktion) neuen Wissens sein können,

   - die Reflexion über Mathematik ermöglichen, über ihre Charakteristika und ihre kulturelle Eingebundenheit und Bedeutsamkeit.

Die Bedeutung grundlegender Ideen muss sich daran messen lassen, inwiefern sie den Prozess der Interpretation der Unterrichtsinhalte als symbolischer Repräsentationen von Wirklichkeit bzw. gesellschaftlicher Praxis stützen können, einen (verbesserten) Zugriff auf die Bedeutung der Inhalte erlauben, gleichzeitig aber auch einen entscheidenden, nachweisbaren Beitrag zum unmittelbaren „Sachverständnis"[1] der Inhalte liefern.

Dieses Begriffsverständnis ist bildungstheoretisch fraglos nicht neutral: Insbesondere Punkt Vier zielt eindeutig auf ein genetisches und teleologisch geprägtes Mathematikverständnis und einen Mathematikunterricht, der diesem Rechnung trägt[2]. Der vierte Punkt versucht außerdem den schwierigen Spagat zwischen pragmatischer und bildungstheoretischer Interpretation dieser Leitprinzipien: Die Sinnhaftigkeit und Nützlichkeit mathematischer Begriffsbildungen soll auf Basis der lokalen Subkonzepte einerseits unmittelbar erfahrbar werden können, im Sinne von FÜHRERs Forderung, dass grundlegende Ideen bei der Bewältigung konkreter mathematischer Probleme hilfreich sein müssen. Andererseits beinhaltet ein derart pragmatisches Verständnis grundlegender

---

[1] Bender 1991, S. 54
[2] Vgl. Abschnitt 1.9

Ideen deren Auseinanderfallen in eine Reihe mehr oder minder nützlicher Strategien bzw. Kniffe, die bei bestimmten Einzelproblemen hilfreich sind. Im Sinne der in Abschnitt 1.9 unterschiedenen zwei Schritte sollen die analysierten Beispiele deshalb auch dahingehend befragt werden, inwiefern sie als mögliche Ausgangspunkte für ein unterrichtliches Nachdenken über die diesen Subkonzepten übergeordneten, allgemeinen grundlegenden Ideen und damit über den ‚Sinn' mathematischen Arbeitens auf höherer Ebene produktiv erscheinen. Die pragmatische Bedeutsamkeit wird hier gewissermaßen als Ausschlusskriterium gesetzt: Eine Idee, die in keinem einzigen konkreten Beispiel Anlass zu der Vermutung gibt, einen konkreten Beitrag zum unmittelbaren Verständnis der Inhalte zu leisten, kann wohl kaum als grundlegende Idee Bedeutung für den Mathematikunterricht beanspruchen. Umgekehrt sehen wir solche Fälle, in denen Anlass zur Vermutung besteht, dass eine oder mehrere grundlegende Ideen einen nachweislich entscheidenden Beitrag zu einem vertieften unmittelbaren Verständnis der Inhalte liefern, als potenziell günstige Stellen an, an denen ein Reflektieren über die jeweilige Idee im Unterricht angeraten bzw. überhaupt möglich sein könnte.

Bei den im Folgenden diskutierten Analysebeispielen wird stets der Beitrag zum unmittelbaren Verständnis den Ausgangspunkt darstellen, das erste Beispiel wird sich nahezu vollständig auf diesen Aspekt beschränken und das zweite und dritte Beispiel werden die zweite Ebene zunehmend stark entfalten.

Wir werden dazu bei den folgenden Analysen immer wieder auch den Standpunkt der praktizierenden Lehrperson einnehmen und u.a. fragen: Welche Rolle können grundlegende Ideen für die lokale Unterrichtsplanung spielen? Wie können grundlegende Ideen eingesetzt werden und von wem bzw. für wen sind sie von Interesse? Nur für den Lehrenden oder auch für die Lernenden?

Dazu müssen vorab bestimmte Metakonzepte ausgewählt werden, denen ein gewisses Potenzial als grundlegende Ideen zugetraut wird. Hierbei geht es allerdings nicht um die Festlegung eines allgemeingültigen Sets grundlegender Ideen, vielmehr wird ein gewisser ‚Suchraum' grundlegender Ideen aufgestellt, der aus der Beschäftigung mit den unterschiedlichen Konzepten in Kapitel 1 resultiert. Als vorläufig ist er vor allem in dem Sinne anzusehen, als mit ihm lediglich der Kreis potenzieller Kandidaten für grundlegende Ideen mit Blick auf die konkret zu untersuchenden Beispiele begründet einzuschränken versucht wird. Wie hilfreich diese Kandidaten sich in den konkreten Analysebeispielen im

Einzelnen erweisen und ob sie schlussendlich als grundlegende Ideen im Sinne obigen Begriffsverständnisses aufgefasst werden können, ist damit keineswegs vorweggenommen.

Zahl	**Optimalität**
	Symmetrie
Messen	**Ideation/ Abstraktion**
	Exhaustion/ Approximation
Strukturieren in Ebene und Raum	**Algorithmus**
	Invarianz
	Induktion
Funktionales Denken	**Repräsentation**
(Heymann 1996/ KMK 2004)	(Schreiber 1981/ Führer 1997)

Tabelle 2.2.1: Vorauswahl grundlegender Ideen

Beim Aufstellen dieses Suchraums finden sich links Ideen, die auch in den pragmatisch orientierten Konzeptionen eine Rolle spielen. Sie werden gewissermaßen als Ankerpunkt gesetzt. In einer oberflächlichen Betrachtung dienen diese Ideen – wie im ersten Kapitel gesehen – als Überschriften über gewisse Lernbereiche. Im dritten Kapitel wird sich allerdings der Verdacht erhärten, dass auch diese Ideen in vielfacher Weise miteinander vernetzt sind. Auf der rechten Seite finden sich Ideen, die spezieller als die erstgenannten sind, aber auch allgemeiner bzw. abstrakter in dem Sinne, dass sie bereits bei oberflächlicher Betrachtung kaum dazu dienen könnten, als Überschriften für Lernbereiche herzuhalten. Der Unterschied zwischen den Ideen auf der linken und rechten Seite scheint mir auch darin zu bestehen, dass die Ideen auf der linken Seite stärker den mathematischen Objekten zugeneigt sind, während die Ideen auf der rechten Seite stärker mathematische Vorgehensweisen beschreiben. Zur Auswahl ist des weiteren zu sagen, dass der Lernbereich ‚Stochastik' im Rahmen dieser Arbeit nicht behandelt wird, daher wurde auf spezifische grundlegende Ideen zu diesem Bereich verzichtet.

Wichtig ist mir zu betonen, dass es mir bei den Ideen nicht so sehr um die Bezeichnungen bzw. die Terminologie geht, sondern um die Ideen *als Ideen*. So habe ich bewusst keine einheitliche Formulierung der Ideen als Begriffe oder Handlungen angestrebt. Eine grundlegende Idee zu sein, beinhaltet für mich stets begriffliche, handlungsmäßige, technisch-methodische und heuristisch-strategische Elemente; kurz: ‚Ideen' verstehe ich nicht einseitig als Handlungen oder Begriffe oder Verfahren sondern als ‚Ideen' im vollen alltagssprachlichen Umfang dieses Terminus. Wenn eine der Bezeichnungen einen dieser Aspekte stärker betont, so liegt dies vor allem daran, dass es mir wenig zweckmäßig erscheint, etwa immer mit Doppelbezeichnungen wie ‚Maß und Messen', ‚Zahl und Zählen' ‚Funktionale Zusammenhänge und funktionales Denken' zu arbeiten. Die Bezeichnungen sind allerdings nicht beliebig, sondern so gewählt, dass sie den Kern des Metakonzeptes (auch in historischer Hinsicht) treffen sollen.

So trifft die Bezeichnung ‚Zahl' besser den Kern des gemeinten Metakonzepts als ‚Zählen'. ‚Zählen' hätte zu kurz gegriffen, da diese Formulierung im Kern den Bereich der natürlichen Zahlen abgedeckt hätte und selbst diesen nur unvollständig. Jedenfalls umfasst der abendländische Zahlbegriff erheblich mehr als diskrete Quantifizierungen. Alternativ hätte sich eine Zusammenfassung der Ideen ‚Zahl' und ‚Messen' zu einer übergeordneten Idee ‚Quantität' angeboten. Diese Gruppierung habe ich verworfen, da auch durch sie eine Reduktion der Zahlen bzw. des Messens stattgefunden hätte: Zwar fallen in der abendländischen Auffassung von Zahlen Zahlbegriff und Größenbegriff ein Stück weit zusammen, dennoch umfasst der Zahlbegriff mehr als der Größenbegriff und ‚Messen' bedeutet mehr als den Umgang mit Größen.

Die Idee des ‚Strukturierens in Ebene und Raum' vermeidet den nicht unproblematischen Terminus ‚Form' in der Bildungsstandard-Formulierung ‚Raum und Form'. HEYMANNs Formulierung ‚Räumliches Strukturieren' wurde verworfen, da das Arbeiten im Zweidimensionalen hier in m.E. unzulässiger Weise marginalisiert wird. Der Begriff des ‚Strukturierens' scheint hier in doppelter Hinsicht günstig: Einerseits ist das Konzept ‚Struktur' deutlich präziser als der Begriff ‚Form' (denn in der Regel interessieren wir uns für geometrische Strukturen und nicht einfach für ‚Formen'), andererseits ist ‚Strukturieren' im Vergleich zu ‚Strukturen' als tätigkeitsorientierte Formulierung ein Rückgriff auf FREUDENTHALs These, dass im Mathematikunterricht nicht Mathematik als solches, sondern der Prozess des Mathematisierens im Vordergrund zu stehen habe[3], mithin ein Verweis auf die genetische Gegenstandsauffassung, die als wesentlich für eine Orientierung an grundlegenden Ideen herausgestellt wurde.

Aus ähnlichen Gründen wird hier auch nicht von der Idee der ‚Funktion' oder der Idee des ‚funktionalen Zusammenhangs' gesprochen. Alternativ hätte sich FÜHRERs Formulierung „funktionale Variation"[4] bzw. tätigkeitsorientiert formuliert ‚funktionales Variieren' angeboten. Da diese Formulierung das Konzept der Funktion stark in Richtung der Kovarianz-Vorstellung ausrichtet, wird auch in Anlehnung an die historische Tradition von ‚funktionalem Denken' gesprochen. Diese beinhaltet alle drei von VOLLRATH angesprochenen Aspekte des Funktionsbegriffs (Zuordnungsaspekt, Kovariationsaspekt, Objektaspekt[5]) und soll hier in der ganzen Breite von präformalen quasi-funktionalen Argumentationsweisen bis hin zur Nutzung von Eigenschaften von spezifischen Funktionenklassen aufgefasst werden: Hier ist nicht lediglich der verständige Umgang mit Funktionen gemeint, sondern jegliche Strategien, Handlungen und Techniken, die bei der Beobachtung von Zuordnungs- und Änderungsphänomenen zum Einsatz kommen können.

Um die Begrenztheit zu verdeutlichen, die in der Oberflächlichkeit der Interpretation der Ideen auf der linken Seite als Lernbereichsüberschriften zu Tage tritt, soll in den folgenden Analysen vor allem ihre Schnittstellenfunktion und die Verknüpfung der Ideen untereinander einen wesentlichen Schwerpunkt bilden. Den Ausgangspunkt für meine Arbeiten hat die Beschäftigung mit der Idee des Messens dargestellt[6], sie wird daher auch in allen drei Analysebeispielen betrachtet, jeweils in Kombination mit mindestens einer weiteren Idee erster Art.

Die Beispiele sind ihrerseits bewusst so ausgewählt worden, dass sie Schnittstellen zwischen arithmetischen und geometrischen bzw. algebraischen und geometrischen Inhalten aufzeigen. Gestützt wird diese stärker integrierende Sichtweise grundlegender Ideen durch die Anreicherung mit abstrakteren Ideen, die dezidiert quer zu den klassischen Lernbereichen liegen.

---

[3] Vgl. Freudenthal 1973, S. 125ff
[4] Führer 1997, S. 84
[5] Vgl. Vollrath 1989
[6] Vgl. Vohns 2000, Vohns 2002

Nicht alle in Abbildung 2.2.1 angegebenen grundlegenden Ideen zweiter Art werden dabei in gleichem Maße aufgegriffen werden, auch hier ist die Auswahl vorläufig.

Mit ‚Optimalität' und ‚Symmetrie' werden zunächst zwei wesentliche mathematische Eigenschaften angeführt, wobei Optimalität hier in der vollen etwa von BENDER/ SCHREIBER dargelegten Breite verstanden werden soll[7].

‚Induktion' meint hier ganz im Sinne FÜHRERs nicht einfach das Beweisprinzip der vollständigen Induktion gemeint, sondern auch alle heuristischen Arbeitsweisen, die vom Studium von Einzelfällen ausgehend versuchen, Aussagen über Zusammenhänge im Allgemeinen aufzufinden[8]. Diese Idee steht somit auch als Gegengewicht zu den stärker deduktiv beweisenden Verfahren.

Ebenso ist die Bedeutung der ‚Invarianz' als nötigem gewissermaßen dialektischen Gegenprinzip zur Beobachtung der (Ko-)Variation unter der Idee des ‚funktionalen Denkens' zu sehen. Die Idee der ‚Ideation / Abstraktion' ist bereits in sich dialektisch angelegt: Beides meint Formen der Präzisierung bzw. des Exaktifizierens, wobei für die Abstraktion der Gedanke der Verallgemeinerung durch das Absehen von bestimmten Eigenschaften charakteristisch ist, für die Ideation hingegen das bewusste Hineinsehen bzw. Herausschälen entscheidender spezifischer Eigenschaften[9].

‚Repräsentation' meint wiederum mehr als die von BRUNER unterschiedenen Repräsentationsmodi bzw. deren didaktische Interpretation als Darstellungsebenen, sie umfasst alle mit der Darstellung von Mathematik bzw. der Darstellung mit Hilfe von Mathematik verbundenen Subkonzepte, bis hin zur Frage der ontologischen Qualität der Darstellungen bzw. des Dargestellten[10].

An dieser Stelle wird keine weitere Erläuterung der grundlegenden Ideen angestrebt. Eine nähere Erklärung der grundlegenden Ideen soll vielmehr im Rahmen der Analysebeispiele erfolgen, zumal für ein vertieftes

---

[7] Vgl. Bender/ Schreiber 1985, S. 200f
[8] Vgl. Führer 1997, S. 85
[9] Vgl. Bender/ Schreiber 1985, S. 335
[10] Wie etwa die in Bender/ Schreiber 1985 für die operative Genese der Geometrie wesentliche Unterscheidung realer und idealler Repräsentationen, vgl. a.a.O., S. 343 ff.

Verständnis bzw. für deren analytischen Einsatz die im Folgenden angeregte Diskussion lokaler Subkonzepte wesentlich sein wird[11].

2.3 Lokale Subkonzepte: Grundvorstellungen und heuristische Strategien

Grundlegende Ideen als Metakonzepte stellen eine von den konkreten Gegenständen bzw. mathematischen Lernprozessen relativ weit entfernte Ebene dar. PESCHEK hat daher vorgeschlagen, sich mit den „lokalen Bedeutungen"[1] dieser Metakonzepte zu beschäftigen. Diese lokale Bedeutung wird im folgenden als nachgeordnete Ebene lokaler Subkonzepte betrachtet und einen wesentlichen Teil dieser Subkonzepte machen Vorstellungen aus, die lokal mit den grundlegenden Ideen in Verbindung stehen.

Die Diskussion normativ erwünschter wie deskriptiv auffindbarer Vorstellungen zu mathematischen Begriffen und Verfahren ist in der Mathematikdidaktik eng mit dem Grundvorstellungskonzept verbunden und es scheint mir angeraten, diese Diskussion hier aufzugreifen. Zumal mit VOM HOFE bereits einer der entscheidenden Befürworter des Grundvorstellungskonzepts die Untersuchung möglicher Schnittstellen von Grundvorstellungskonzept und Konzepten grundlegender Ideen als eine mögliche Forschungsperspektive angeregt hat[2]. Während Grundvorstellungen in der Regel formalisierten mathematischen Begriffen und Verfahren zugeordnet werden, erscheint es mir sinnvoll, auf stärker präformaler Ebene zudem die Verbindung grundlegender Ideen mit heuristischen Strategien als zweite Form lokaler Subkonzepte ergänzend in Betracht zu ziehen.

---

[11] Es mag im Rahmen einer wissenschaftlichen Arbeit etwas ungewöhnlich scheinen, dass man verwendete Begriffe nicht vorab explizit definiert. Andererseits müssen wir die Kritik an der Operationalisierung grundlegender Ideen etwa in den Bildungsstandards (vgl. Abschnitt 1.8) und die notwendige Vagheit der Ideen als Metakonzepte in Anlehnung an Jung 1978 (vgl. Abschnitt 1.5) ernst nehmen. Im Analyseprozess wird das Verständnis der jeweiligen Ideen auf der Basis lokaler Subkonzepte allerdings so klar expliziert, dass es der wissenschaftlichen Kritik offen stehen sollte. Es soll im Rahmen dieser Arbeit allerdings der Eindruck vermieden werden, die grundlegenden Ideen wären mit den in den Analysebeispielen angesprochenen Subkonzepten bereits in ihrer ganzen Allgemeinheit hinreichend charakterisiert.

[1] Kröpfl/ Peschek/ Schneider 2000, S. 52
[2] Vgl. vom Hofe 1995a, S. 128

94

Mit Blick auf die in Abschnitt 1.9 angesprochenen forschungslogischen und forschungspragmatischen Argumente stellt die Betrachtung lokaler Subkonzepte einen ersten Schritt dar. Im Sinne einer Mathematikdidaktik als analytischer Wissenschaft wird in diesem ersten Schritt die immanente Bedeutung grundlegender Ideen auf der Ebene der manifesten Bedeutung lokaler Subkonzepte herausgearbeitet. Der zweiten Schritt, von den lokalen Subkonzepten wieder zu den grundlegenden Ideen als Metakonzepten zurückzukommen, den Schülerinnen und Schülern damit also einen Zugang zu den charakteristischen Ideen der Mathematik aufzuzeigen, tritt in den Vordergrund, wenn wir Mathematikdidaktik als ‚design science' auffassen. Dieser Schritt kann im Rahmen der vorliegenden Arbeit allerdings aus den bereits genannten Gründen nicht vollständig vollzogen, sondern nur perspektivisch angedeutet werden.

Grundvorstellungen

Auch wenn sich das Grundvorstellungskonzept – ähnlich wie die grundlegenden Ideen – aus durchaus unterschiedlichen Quellen entwickelt hat[3], so besteht doch zumindest bzgl. seiner normativen Interpretation ein deutlich kohärenteres Bild als bei den grundlegenden Ideen. Allgemein zielt das Konzept auf den verständnisorientierten Erwerb mathematischer Begriffe und Verfahrensweisen, wobei bestimmte grundlegende Vorstellungen im Mittelpunkt stehen, die für dieses Verstehen konstituierend sind[4]. Grundvorstellungen beschreiben damit Phänomene, die insbesondere für die individuelle Begriffsbildung als wesentlich angenommen werden, und zwar zunächst einmal aus inhaltsanalytischer Perspektive.

VOM HOFE unterscheidet drei Akzentuierungen:

> „– *Sinnkonstituierung eines Begriffs* durch Anknüpfung an bekannte Sach- oder Handlungszusammenhänge bzw. Handlungsvorstellungen [...],
>
> – *Aufbau entsprechender (visueller) Repräsentationen* bzw. Verinnerlichungen, die operatives Handeln auf der Vorstellungsebene (im Sinne Piagets) ermöglichen,

---

[3] Vgl. Kapitel 1 in vom Hofe 1995a

[4] Malle 1999 formuliert etwas einfacher: „Schüler sollen Inhalte nicht auf einer unverstandenen verbalen oder symbolischen Ebene nachplappern können, sondern sich darunter etwas vorstellen können" (a.a.O., S. 69), Bender 1991 hebt als wesentliche Dimensionen „allgemeine Verbindlichkeit", „Verankerung in der Lebenswelt" und epistemologisch und psychologisch fundamentalen Charakter hervor.

- *Fähigkeit zur Anwendung eines Begriffs* auf die Wirklichkeit durch Erkennen der entsprechenden Struktur in Sachzusammenhängen oder durch das Modellieren des Sachproblems mit Hilfe der mathematischen Struktur."[5]

Grundvorstellungen greifen also stark auf Handlungen oder Handlungsvorstellungen zurück und sind mit typischen Sachzusammenhängen verbunden. Die genuine Erweiterung des Grundvorstellungskonzepts durch VOM HOFE besteht nun in dem Anspruch, die Sinnkonstituierung nicht lediglich auf der Basis der Betrachtung typischer Sachzusammenhänge zu vollziehen, sondern einen Zugang zu den individuellen Sinnkonstituierungen der Schülerinnen und Schüler zu finden. VOM HOFE erweitert dazu die Betrachtung auf die Ebene der von BAUERSFELD entliehenen *Subjektiven Erfahrungsbereiche*, die eine Modellierung der Organisation von Gedächtnisinhalten darstellt, welche ein wesentliches Augenmerk auf die Bereichsspezifität von Lernen und Wissen lenken[6].

Dazu möchte VOM HOFE *Schülervorstellungen* erheben, die „Aufschluß über die individuellen Erklärungsmodelle des Schülers [geben], die in das System seiner Erfahrungsbereiche eingebunden und entsprechend aktivierbar sind"[7]. Bezogen auf die normativ gewünschten Grundvorstellungen soll dieses Wissen über Schülervorstellungen dann dazu genutzt werden können, diese Vorstellungen im Rahmen von entsprechenden Unterrichtsprozessen „bei allen subjektiven Schattierungen"[8] auf einen gemeinsamen Kern – die normativ gewünschte Grundvorstellung – zu verdichten. So gesehen erhöht die Kenntnis bzw. die Berücksichtigung von (subjektiven) Schülervorstellungen die Wahrscheinlichkeit der didaktisch erwünschten Ausbildung von (intersubjektiven) Grundvorstellungen.

Bislang hat VOM HOFE die empirische Erhebung von Schülervorstellungen im Wesentlichen in zwei Arbeiten mit Hilfe eines interpretativen Vorgehens realisiert; zum einen zu Vorstellungen zu den ganzen Zahlen im Sachzusammenhang von Temperaturänderungen[9] und zum anderen zu Vorstellungen zum Funktions- und Grenzwertbegriff im Rahmen

---

[5] Vom Hofe 1995b, S. 43
[6] Vgl. vom Hofe 1995a, S. 107ff
[7] A.a.O., S. 123
[8] A.a.O.
[9] Vgl. a.a.O., S. 113ff

eines Unterrichtsversuchs zu computergestützten Lernumgebungen[10]. In eine ähnliche Richtung weist die Arbeit von FRIEDRICH zu Schüler-vorstellungen zum Grenzwertbegriff[11]. Gegenwärtig widmet sich VOM HOFE im Rahmen des Projektes PALMA der quantitativen Erhebung der „Entwicklungsverläufe mathematischer Schülerleistungen", bei de-nen ein „analytischer Schwerpunkt in der Ausbildung von mathemati-schen Grundvorstellungen"[12] liegt, der wiederum durch qualitative Be-gleitstudien gestützt werden soll. Aus diesem Projekt liegen bislang le-diglich erste Ergebnisse vor. Im Rahmen der interpretativen Forschung gibt es darüber hinaus eine große Breite an Arbeiten, in denen Schü-lervorstellungen eine wesentliche Rolle spielen, wobei nicht unbedingt explizit auf diesen Begriff, insbesondere in Kontrastierung zum Grund-vorstellungsbegriff, zurückgegriffen wird[13].

Daneben gibt es insbesondere in den Arbeitsgruppen um MALLE und PADBERG quantitative Untersuchungen zu Grundvorstellungen[14]. Diese Untersuchungen möchten allerdings weniger kontrastierende Schülervorstellungen erheben, als Aussagen darüber treffen, ob und in welchem Maße Schülerinnen und Schüler, die einen bestimmten Unterricht genossen haben, die normativ erwünschten (vom Testleiter festgelegten) Vorstellungen ausgebildet haben. Dabei konnte sowohl PADBERG für die Bruchrechnung als auch MALLE u.a. für die Differenti-alrechnung feststellen, dass der herkömmliche Unterricht vom Ziel des Ausbildens adäquater Grundvorstellungen noch weit entfernt zu sein scheint. Grundvorstellungen scheinen sich nicht automatisch zu entwi-ckeln bzw. der Unterricht scheint ihren Aufbau nicht im gewünschten Maß sicherstellen zu können. Erachtet man adäquate Grundvorstellun-gen für einen verständigen Umgang mit den Inhalten als unverzichtbar,

---

[10] Vgl. vom Hofe 1998a, sowie speziell zum Grenzwertbegriff vom Hofe 1999 und zum Funktionsbegriff vom Hofe 1998b. Vom Hofe bezieht hier allerdings bereits neben dem Grundvorstellungskonzept einige andere Analysebegriffe (z.B. „genetische Be-griffsbildung") ein.

[11] Friedrich 2002

[12] PALMA o.J. a

[13] Eher eine Ausnahme bildet Bikner-Asbahs 2001, insofern sie explizit auf den Grund-vorstellungsbegriff zurückgreift. Der Begriff „Schülervorstellungen" taucht in der Mathematikdidaktik vor allem im Rahmen der ‚beliefs'-Forschung auf, vgl. etwa Peh-konen 1994. Hier geht es aber eher um Vorstellungen über Mathematik, das Lernen von Mathematik und über sich selbst als Mathematiklerner, weniger um konkrete Vorstellungen zu einzelnen Inhalten. Die Grundvorstellungsdebatte spart Pehkonen aus.

[14] Padberg 2001, Padberg/ Bienert 2000, Neumann 1997, sowie Malle 1999, Malle 2003

so wird durch diese Untersuchungen die Forderung noch einmal unterstrichen, gezielt auf ihren Aufbau hinzuwirken und sich dabei auch – in VOM HOFEs Sinne – verstärkt zu bemühen, individuelle Schülervorstellungen wahrzunehmen und als Ausgangspunkte zu begreifen.

Kommen wir noch einmal auf die in jüngerer Zeit durch VOM HOFE angestrebte Betrachtung der Entwicklungsverläufe von Grundvorstellungen zurück. Im Rahmen dieser Untersuchungen schlägt VOM HOFE u.a. eine Unterscheidung von primären und sekundären Grundvorstellungen vor. Primäre Grundvorstellungen sollen demnach dem intuitiven Wissen der Schülerinnen und Schüler entspringen und dadurch direkt mit „gegenständlichen Handlungserfahrungen"[15] verbunden und quasi automatisch einem Erfahrungsbereich inhärent sein. Sekundäre Grundvorstellungen hingegen stammen bereits „aus der Zeit mathematischer Unterweisung" und sind nicht mehr in erster Linie „konkrete Handlungsvorstellungen" sondern Vorstellungen, „die zunehmend mit Hilfe von mathematischen Darstellungsmitteln wie Zahlenstrahl, Koordinatensystem oder Graphen repräsentiert werden"[16].

Hier erscheinen einige Rückfragen angebracht: Was ist etwa das entscheidende Kriterium zur Unterscheidung von primären und sekundären Grundvorstellungen? Ihre Verankerung in konkreten Handlungen (die prinzipiell auch aus dem Unterricht stammen kann) oder lediglich die Frage der Elaboriertheit der verwendeten Darstellungsmittel oder aber, dass sie bereits aus der Zeit mathematischer Unterweisung stammen und damit gewissermaßen normativ vorgeprägt sind? Man muss sich nicht zuletzt fragen, wozu eine solche Unterscheidung dienen soll.

Dienlicher erscheint mir hier der Begriff der *tacit models*, der von FISCHBEIN in die Diskussion eingebracht wurde. FISCHBEIN argumentiert kurz zusammengefasst wie folgt: Dort wo der Unterricht den Schülerinnen und Schülern keine adäquaten Vorstellungen anbietet, die ein Verständnis der neu zu lernenden Begriffe und Verfahren erlauben, wird diese Lücke von den Lernern durch die intuitive Übertragung bereits vorhandener Vorstellungen aus anderen Bereichen gefüllt. Es ist offensichtlich, dass diese Füllung problematische Züge annehmen kann, da sie zu inadäquaten Vorstellungen und Verallgemeinerungen führen kann[17].

---

[15] Vom Hofe 2003, S. 6
[16] A.a.O.
[17] Vgl. Fischbein 1989

Wichtig an der Diskussion um die Bedeutung von Schülervorstellungen, primäre und sekundäre Grundvorstellungen und tacit models ist die Erkenntnis, dass Grundvorstellungen keineswegs so lokal beschränkt sind, wie die bisherige Diskussion dies nahe gelegt haben mag. Sicher spielen bereits in anderen Zusammenhängen erworbene Grundvorstellungen beim Erlernen neuer Begriffe und Verfahren eine entscheidende Rolle – gewollt oder ungewollt. Daher halte ich die grundsätzliche Position, Entwicklungsverläufe von Grundvorstellungen zu betrachten, für überaus produktiv, nicht zuletzt aufgrund der damit einhergehenden Systematisierung der Vorerfahrungen der Schülerinnen und Schüler durch den Grundvorstellungsbegriff (ganz unabhängig von der Frage, ob diese Erfahrungen nun auf primären oder sekundären Vorstellungen beruhen).

Darüber hinaus kann hier ein guter Anknüpfungspunkt zur Betrachtung grundlegender Ideen gesehen werden. Versteht man die Orientierung an grundlegenden Ideen als spiraligen Prozess, in dem diese „immer wieder neu aufgegriffen, variiert, herausgearbeitet und umformuliert werden, um die erworbenen Konzepte [...] vor Verhärtung zu bewahren, auszudifferenzieren und zu flexibilisieren"[18], dann dürfte ein entscheidendes Moment dieses Prozesses die Entwicklung und Veränderung von Grundvorstellungen sein. Die Frage etwa, welche Umdeutungen, Differenzierungen und Flexibilisierungen die Idee der Zahl beim Übergang von den natürlichen Zahlen zu den Bruchzahlen erfahren muss, lässt sich auf der Basis des Grundvorstellungskonzepts so formulieren: Welche Zahlvorstellungen und welche Vorstellungen zu den arithmetischen Operationen müssen beibehalten, erweitert, neu erworben (u.U. auch aufgegeben) werden? Eine Berücksichtigung der Grundvorstellungen aus dem Bereich der natürlichen Zahlen (zumindest z.T. also sekundäre Grundvorstellungen aus der Grundschulzeit) wird damit zu einem wichtigen Ausgangspunkt für die Weiterentwicklung der Zahlvorstellung im Bereich der Brüche.

Die Frage nach einer möglichen konstruktiven Bedeutung grundlegender Ideen für die lokale Unterrichtsplanung lässt sich durch die Berücksichtigung von Grundvorstellungen deutlich präzisieren: Fragt sich der Unterrichtsplanende zunächst, welche grundlegenden Ideen in einem lokalen Problemfeld besonders relevant sind, so sucht er nun nach zugeordneten und abgeleiteten Grundvorstellungen, die in diesem Problemfeld aktiviert werden können oder sollen. Diese Suche verdichtet sich zu der Frage, welche Grundvorstellungen beim Lernenden bereits

---

[18] Führer 1997, S. 60

in bestimmten Ausprägungen vorhanden sind und in welche Richtung diese fort entwickelt werden sollen, aber auch welche genuin neuen Vorstellungen aufgebaut werden sollen. Die grundlegenden Ideen sind also zunächst ein rein analytisches Mittel. Der Lehrende muss sich dann fragen, ob eine Thematisierung der (bzw. Akzentuierung auf die) zu Grunde liegenden Ideen hilfreich für den Erwerb dieser neuen Grundvorstellungen oder der Veränderung der bereits vorhandenen scheint. Dann wären grundlegende Ideen auch konstruktives Mittel.

Heuristische Subkonzepte

Während mit den Grundvorstellungen vor allem das Verständnis zentraler Begriffe und Methoden angesprochen wird, scheint es mir darüber hinaus sinnvoll, das heuristische Potential grundlegender Ideen ebenfalls durch lokale Subkonzepte zu konkretisieren. Heuristische Strategien und Prinzipien sind seit POLYA in der Mathematikdidaktik immer wieder intensiv in ihrer Bedeutung für die mathematische Bildung diskutiert worden[19]. Im ersten Kapitel wurde kritisch beurteilt, dass in der Konzeption von TIETZE/ KLIKA/ WOLPERS mit den bereichsspezifischen Strategien eine eigene Kategorie stärker heuristischer grundlegender Ideen neben die anderen grundlegenden Ideen gestellt wurde und es wurde auch kritisch auf die Trennung von prozessbezogenen Kompetenzen und Orientierung an Leitideen in den Bildungsstandards hingewiesen.

Wenn wir über die lokale Bedeutung grundlegender Ideen nachdenken, so scheint es sinnvoll der Frage nachzugehen, welche heuristischen Prinzipien und Strategien den Metakonzepten zugeordnet werden können. Ähnlich wie auch bei den Grundvorstellungen bietet sich hier die Chance, die konkrete, lokale Bedeutung grundlegender Ideen auf der Basis heuristischer Subkonzepte sehr viel genauer einschätzen zu können und weitergehend dort, wo diese Subkonzepte als hilfreich erscheinen auch mögliche Anknüpfungspunkte für die unterrichtliche Reflexion über die ihnen zugeordneten Metakonzepte aufzufinden.

Bei einigen heuristischen Vorgehensweisen ist die Zuordnung zu Metakonzepten relativ eindeutig: So nennt BRUDER etwa als spezielle heuristische Prinzipien unter anderem Symmetrieprinzip, Extremalprinzip und Invarianzprinzip[20]. Diese lassen sich eindeutig den grundlegenden

---

[19] Vgl. exemplarisch Bruder 2000, Heyer/ König 1992, Schmidt 1990, Zimmermann 1991
[20] Bruder 2000, S. 72

Ideen Symmetrie, Optimalität und Invarianz zuordnen. Induktive Verfahren gehören fest zum Schatz der heuristischen Verfahren und lassen sich ebenso wie das Rekursionsprinzip der grundlegenden Idee der Induktion zuordnen.

Ein Einfluss auf das jeweils verfügbare Repertoire heuristischer Subkonzepte geht allerdings auch von den grundlegenden Ideen erster Art (Zahl, Messen, Funktionales Debnken, etc.) aus. Sehr gut deutlich machen kann man dies etwa am *Einführen von Hilfselementen*[21]. Hierunter gruppiert POLYA alle Elemente, die in der ursprünglichen Formulierung einer Aufgabe nicht enthalten sind und erst im Lösungsprozess eingeführt werden. Als Beispiele nennt er Hilfslinien, Hilfssätze und Hilfsunbekannte. Abgesehen davon, dass wir sowohl Hilfslinien als auch Hilfsvariablen „in der Hoffnung einführen, es werde die Lösung fördern"[22], haben diese Elemente allerdings wenig gemein. Wie gut es uns gelingt, solche Elemente einzuführen, ist hochgradig abhängig vom jeweils zu Grunde liegenden domänenspezifischen Wissen: *Hilfslinien* einzuzeichnen ist stets ein Akt des ebenen oder räumlichen Strukturierens: Durch dieses Hilfselement wird die geometrische Situation *restrukturiert* und selbst hierbei können sehr unterschiedliche Zielvorstellungen zum Tragen kommen. Bei Berechnungsaufgaben zerlegen wir durch die Hilfslinie die Figur z.B. in Teilfiguren, die wir bereits berechnen können, bei Beweisaufgaben ermöglicht sie uns u.U., auf definierende Eigenschaften von Teilfiguren zurückzugreifen oder bereits bekannte Sätze zu verwenden. Das Einzeichnen von Hilfslinien ist also in der Geometrie stets ein Beitrag zum ebenen bzw. räumlichen Strukturieren und vielfach auch eine entscheidende Voraussetzung des Messens. Als heuristische Strategie ist es nur dann sinnvoll einsetzbar, wenn die jeweils damit verbundene, auf eine oder beide dieser Grundideen beruhende Zielvorstellung dadurch besser, einfacher oder überhaupt erst realisiert werden kann.

In den Bereich des ‚funktionalen Denkens' fallen hingegen zahlreiche Strategien der Variation, bzw. noch allgemeiner des operativen Arbeitens. Zu „beobachten, welche Wirkungen Operationen auf Eigenschaften und Beziehungen der Objekte haben (Was geschieht mit ..., wenn ...?)"[23] ist vielfach eine Vorstufe zu systematischen funktionalen Betrachtungen.

---

[21] Vgl. Polya 1995, S. 128
[22] A.a.O.
[23] Wittmann 1985, S. 9

Mindestens ebenso wichtig ist hier aber auch wieder die Beobachtung von *Invarianten*, also dem, was unter dem Einfluss gewisser Operationen unverändert bleibt.

Subkonzepte, Inhalte und Ideen: Lerntheoretische Einordnung

Für die didaktisch orientierte Sachanalyse eröffnet die Betrachtung von lokalen Subkonzepten sowohl eher begriffs- und verfahrensorientierter Natur (Grundvorstellungen) als auch stärker heuristischer Natur eine Art Doppelstrategie:

Wir können einerseits von im jeweiligen Inhaltsbereich zentralen grundlegenden Ideen ausgehend untersuchen, welche typischerweise mit diesen Ideen verknüpften Subkonzepte bei einem konkret zu betrachteten Unterrichtsinhalt eine Rolle spielen können, bzw. welche Rolle ihnen bei einem konkreten Unterrichtsvorschlag zukommt. In diesem Fall nehmen wir eine normative Setzung vor, wir gestehen diesen Ideen ex ante eine gewisse Bedeutsamkeit zu und prüfen, wie verträglich der vorliegende Vorschlag mit diesen Ideen bzw. mit den ihnen zu Grunde liegenden allgemeinen Prinzipien[24] ist.

Eine stärker explorierende Funktion der Subkonzepte können wir hingegen anstreben, indem wir von der mathematischen Aufgabe ausgehend bedeutsame lokale Subkonzepte ausmachen und ihre Verbindung zu übergeordneten Metakonzepten diskutieren. Die Kombination beider Sichtweisen scheint mir der Kern des anzustrebenden Verfahrens zu sein, eine wechselseitige Erschließung von konkretem Inhalt und grundlegender Idee vermittelt über die lokalen Subkonzepte.

Das gemeinsame Ziel der Analyse ist dabei in allen Fällen solche Problemstellungen aufzufinden, bei denen grundlegende Ideen mittelbar durch die ihnen zugehörigen Subkonzepte einen konkreten Beitrag zum lokalen Sachverständnis leisten können. Diese Problemstellungen scheinen besonders günstig, um auch als Ausgangspunkte für die unterrichtliche Reflexion über die Metakonzepte selbst, d.h. die grundlegenden Ideen, zu werden.

Hinter dieser Annahme steckt implizit die Vorstellung, dass Lernen ein kumulativer und konstruktiver Prozess ist, in dem vorhandene Vorstellungen aufgegriffen, verfeinert, modifiziert oder verworfen werden.

---

[24] Vgl. Abschnitt 1.9

Den Prozess dieser Adaption von Vorstellungen können wir etwa in Anlehnung an PIAGET als geleitet von der Herstellung von inneren und äußeren Gleichgewichtszuständen auffassen[25], d.h. der Lernende wird Vorstellungen dann anpassen, wenn er die alten Vorstellungen als unzulänglich erfährt. Grundvorstellungen bilden dann einerseits die Norm, die Vorstellungen also, deren Erwerb wir für wünschenswert halten. Andererseits stellen sie die Ausgangsbasis dar, denn in keinem Lerngebiet ist davon auszugehen, dass es eine „Stunde Null"[26] gibt, immer schon bringt der Lernende Alltagsvorstellungen, Vorstellungen von vormaligen Behandlungen desselben Themas oder Vorstellungen aus anderen Themengebieten mit.

Der Aufbau neuer Vorstellungen lebt in konstruktivistischer Auffassung von der produktiven Störung, d.h. dem Aufzeigen der Grenzen bereits vorhandener Vorstellungen und der Nützlichkeit neuer Vorstellungen (individuell gewandt ihrer „Viabilität"[27]). Hier erkennt man auch die hohe Passung des pragmatisch verstandenen teleologischen Grundprinzips mit den konstruktivistischen Vorstellungen vom Lernprozess.

Lerntheoretisch scheint ein Rekurs *auf die Metakonzepte selbst* deshalb angeraten, weil gemäß konstruktivistischer Auffassungen Lernen zunächst immer bereichsspezifisch verläuft. Als Metakonzepte sind grundlegende Ideen aber bereichsübergreifend konzipiert. Möchte man, dass die Ideen auch in anderen Bereichen von den Schülerinnen und Schülern erkannt und zugehörige Subkonzepte aktiviert werden können, so ist davon auszugehen, dass im Unterricht gezielt auf einen solchen Transfer hinzuwirken ist[28].

Insbesondere wird es im Unterricht darum gehen müssen zu klären, was von dem auf der Basis lokaler Subkonzepte über die grundlegenden Ideen Erfahrenem der spezifischen Situation geschuldet (also lokal beschränkt) und was davon charakteristisch für die grundlegende Idee an sich (also prinzipiell übertragbar) ist.

---

[25] Vgl. Bender/ Schreiber 1985, S. 255ff

[26] Vgl. Selter 1995

[27] Viabilität im engeren Sinne meint „Überlebensfähigkeit" von Konzepten, vgl. Siebert 2000, S. 55f.

[28] Soweit man nicht radikal-situierten Lerntheorien anhängt, die einen nicht-spezifischen Transfer grundsätzlich ausschließen. Zur Situiertheitsdiskussion vgl. Gerstenmeier 1999.

Für den Schritt des Übergangs zu den Metakonzepten werden im Rahmen der vorliegenden Arbeit aus den bereits genannten forschungslogischen und -pragmatischen Gründen lediglich Vorschläge unterbreitet werden, der Schwerpunkt des nächsten Kapitels wird auf der analytischen Verwendung auf der ersten Stufe liegen, d.h. die immanente Wirkung grundlegender Ideen auf der Basis lokaler Subkonzepte zu eruieren.

Kapitel 3

Perspektiven des Einsatzes grundlegender Ideen in didaktisch orientierten Sachanalysen: Analysebeispiele

Die im Folgenden untersuchten drei Beispiele sollen drei unterschiedliche Perspektiven der im letzten Abschnitt angeregten wechselseitigen Erschließung von mathematischen Inhalten und grundlegenden Ideen verdeutlichen.

Das erste Beispiel (Abschnitt 3.1) realisiert eine stärker komparativ ausgerichtete Analyse: Es werden zwei Beispiele zur Einführung in ein größeres Thema (Addition von Brüchen) einander gegenübergestellt. Dabei werden vorab zwei grundlegende Ideen (Zahl und Messen) als bedeutsam angenommen und es wird untersucht, welche lokalen Subkonzepte zu diesen Ideen im jeweiligen Vorschlag enthalten sind und welche Umdeutungen und Erweiterung dieser Konzepte gegenüber dem zu erwartenden Vorwissen der Schülerinnen und Schüler erforderlich sind, d.h. inwiefern sich das Verständnis von ‚Zahl' und ‚Messen' beim Übergang von den natürlichen Zahlen zu den Bruchzahlen verändern muss (bzw. welche der im Bereich der natürlichen Zahlen erworbenen Vorstellungen beibehalten, welche aufgegeben und welche neuen Vorstellungen hinzukommen müssen). Hier ist also eine stärker normative Verwendung der grundlegenden Ideen umgesetzt. Wesentlicher Prüfstein ist die auf Basis dieser Vorstellungsveränderung und –erweiterung geprüfte Passung zum teleologischen und genetischen Grundprinzip.

Das zweite Analysebeispiel (Abschnitt 3.2) nimmt eine noch kleinere thematische Einheit in den Blick als das erste Beispiel, nämlich eine einzelne Aufgabe. Bei dieser Aufgabe ist die Zuordnung von Ideen bereits vorgegeben: Die Aufgabe entstammt den „Bildungsstandards für den mittleren Schulabschluss"[1] und ist dort bestimmten Leitideen zugeordnet. In diesem Fall greife ich meine Bedenken aus Abschnitt 1.8 auf und diskutiere die Frage, inwiefern Aufgaben als Materialisierung grundle-

---

[1] KMK 2004

gender Ideen sinnvoll sind. Ich überprüfe die Relevanz grundlegender Ideen in Abhängigkeit von denkbaren alternativen Lösungswegen. Dabei wird die Möglichkeit einer Erweiterung potenziell relevanter grundlegender Ideen aus dem vorangestellten Suchraum (Abschnitt 2.2) mitzudenken sein.

Die dritte Perspektive (Abschnitt 3.3) verwirklicht schließlich die Öffnung in Richtung qualitativ empirischer Analyseverfahren. Hier werden empirisch erhobene Lösungswege diskutiert und es wird stärker die explorative Funktion lokaler Subkonzepte[2] fokussiert, d.h. es werden in den Lösungswegen inhärente Subkonzepte rekonstruiert und ihre Beziehung zu grundlegenden Ideen analysiert.

Alle drei Perspektiven eint ein konstruktives Element: Die jeweils gewonnenen Erkenntnisse über Inhalte und Ideen werden genutzt, um Einschätzungen und Empfehlungen zur inhaltlichen und methodischen Gestaltung des Mathematikunterrichts im jeweils zu Grunde liegenden Thema abzugeben, soweit dies aus der jeweils eingenommenen Perspektive zulässig erscheint.

3.1 Perspektive I: Komparative Analyse

Die Addition gemeiner Brüche – Vergleich zweier Vorschläge

Das erste hier vorgestellte Analysebeispiel diskutiert die Einführung der Addition von Brüchen. Dazu werden zwei Vorschläge, einer von PADBERG und einer von STREEFLAND, miteinander verglichen[1]. Die Analyse konzentriert sich dabei auf die grundlegenden Ideen der Zahl und des Messens als Metakonzepte und in diesem Beispiel liegt der Schwerpunkt auf begriffs- und verfahrensorientierten Subkonzepten (resp. Grundvorstellungen).

Ich versetze mich in diesem Analysebeispiel gewissermaßen in die Lage des Lehrenden, der sich für einen der Vorschläge oder gegebenenfalls eine Mischform beider begründet entscheiden möchte. Das ist ein recht eingeschränkter Blickwinkel, so werden etwa bestimmte gemeinsame Setzungen nicht problematisiert. Zur Explikation des hier vertretenen Ansatzes scheint mir eine derartige Einschränkung aber zulässig.

---

[2] Vgl. Abschnitt 2.3
[1] Padberg 2002, Streefland 1997

Meine Leitfragen lauten wie folgt:

- Welche Grundvorstellungen zum Messen und zur Zahl werden üblicherweise bereits im Vor- und Grundschulalter erworben bzw. sollten aus dem Bereich der natürlichen Zahlen bereits bekannt sein?
- Welche Grundvorstellungen werden in den vorliegenden Vorschlägen (implizit oder explizit) vorausgesetzt?
- In welche Richtung sollen diese Vorstellungen weiterentwickelt werden bzw. welche neuen Grundvorstellungen werden etabliert?
- Inwieweit ergeben sich diese Vorstellungsänderungen und -ergänzungen im gegebenen Sachzusammenhang?
- Tragen die unterliegenden grundlegenden Ideen zur Motivation dieser Erweiterungen bei? Wo werden gezielte, steuernde Eingriffe vorgenommen? Wo werden das teleologische oder das genetische Grundprinzip verletzt?

Die Bruchrechnung scheint für solche Überlegungen ein interessantes Anwendungsgebiet zu sein. Es ist bekannt, dass es den Schülerinnen und Schülern gerade in diesem Bereich vielfach schwer fällt, adäquate Grundvorstellungen aufzubauen[2]. So verwundert es auch nicht, dass die PALMA-Gruppe in einer qualitativen Begleitstudie „die Hälfte aller Fehler auf nicht ausreichend entwickelte oder nicht adäquat erweiterte Grundvorstellungen"[3] zurückführt. Als eine von drei wesentlichen Ursachen wird die „fälschliche Übertragung von intuitiven Annahmen aus den natürlichen Zahlen auf die Bruchzahlen"[4] genannt.

Es ist daher nahe liegend zunächst zu überlegen, welche bereichsspezifischen Veränderungen die ‚grundlegende Idee der Zahl' erfährt, wenn von den natürlichen Zahlen zu den Bruchzahlen übergegangen wird. Was macht also die ‚grundlegende Idee der Zahl im Bereich der Brüche' im Unterschied zur ‚grundlegenden Idee der Zahl im Bereich der natürlichen Zahlen' aus, und was davon scheint für die Addition besonders bedeutsam?

---

[2] Vgl. Neumann 1997, Padberg/ Bienert 200
[3] PALMA o.J. b
[4] A.a.O.

Zahlaspekte und Grundvorstellungen zu Zahlen

Zahlaspekte bzw. Zahlvorstellungen sollen das Phänomen ‚Zahl' begreifbar machen, indem sie Hinweise auf die Verwendungsmöglichkeiten von Zahlen angeben. Zu den verschiedenen Zahlbereichen werden je nach Autor und je nach Forschungsrichtung unterschiedlich viele Zahlvorstellungen unterschieden.

STERN nimmt in ihren lernpsychologischen Untersuchungen mit Blick auf eine anschlussfähige Entwicklung des Zahlbegriffsverständnisses im Grundschulalter für die natürlichen Zahlen eine Unterscheidung in Kardinalzahlverständnis und Relationalzahlverständnis vor[5]. Das *Kardinalzahlverständnis* entwickelt sich nach STERN bereits im Vorschulalter im Rahmen unsystematischen Wissenserwerbs, der durch angeborene funktionale Grundprinzipien gesteuert wird[6]. Auf der Grundlage dieses Verständnisses ist es normal entwickelten Kindern im Vorschulalter möglich, in einem eingeschränkten Zahlbereich zu zählen und einfache Additions- und Subtraktionsaufgaben auszuführen.

Grundlegend sind dabei die Vorstellungen, dass Zahlen die Quantität bestimmter Mengen von Objekten angeben, dass sich die passende Zahl durch einen Abzählprozess bestimmen lässt, bei dem jedem Objekt genau ein Zahlwort zugeordnet wird, keinen zwei Objekten dasselbe Zahlwort und die Reihenfolge der Zuordnung von Zahlworten zu den Objekten für das Ergebnis des Zählprozesses unerheblich ist[7].

Das Relationalzahlverständnis entwickelt sich hingegen in aller Regel nicht spontan, sondern bedarf des systematischen Wissenserwerbs. Kindern ist in aller Regel im Vorschulalter nicht evident, dass sich Zahlen auch dazu nutzen lassen „um Beziehungen zwischen Mengen zu modellieren"[8].

Ein Blick in die Geschichte zeigt uns, dass im Fall der Zahlbegriffsentwicklung Phylogenese und Ontogenese tatsächlich ein Stück weit parallel verlaufen: Die Kardinalzahlvorstellung ist die archetypische Zahlvorstellung, sie bildet sich im Prinzip in allen Kulturen heraus, die einen

---

[5] Vgl. Stern 2003, S.10
[6] Vgl. a.a.O., S. 7
[7] Vgl. a.a.O.
[8] A.a.O., S. 10

Zahlbegriff entwickeln[9]. Für die griechische Mathematik bleibt die Auffassung der Zahl als „aus Einheiten zusammengesetzte Menge"[10] so prägend, dass es den Griechen etwa nicht gelingt, die von EUDOXOS entwickelte Proportionenlehre (die im Grunde die Rechenregeln für reelle Zahlen beinhaltet) in das Zahlkonzept zu integrieren[11]. Historisch betrachtet kann sich die Relationalzahlvorstellung erst mühsam mit den Konzepten von DESCARTES, GAUSS und NEWTONdurchsetzen, erst mit diesen setzt sich die Vorstellung durch, dass man Zahlen als Beziehungen zwischen Mengen bzw. die Zahl als „das abstrakte Verhältnis irgendeiner Größe zu einer anderen Größe derselben Gattung, die als Einheit genommen wird"[12] auffassen kann.

Dass sich dieses Relationalzahlverständnis bei Schülerinnen und Schülern im Vorschulalter nicht spontan ausbildet, lässt sich nach STERN empirisch an den signifikant unterschiedlichen Lösungshäufigkeiten bei Aufgaben folgenden Typs festmachen:

Typ A	Typ B
5 Vögel haben Hunger. Sie finden 3 Würmer.	
Wie viele Vögel bekommen keinen Wurm?	Wie viel mehr Vögel als Würmer gibt es?

Tabelle 3.1.1

Während Aufgaben vom Typ A bereits von fast allen von STERN beobachteten Vorschulkinder gelöst werden konnten, lösen selbst Drittklässler Aufgaben vom Typ B nur zu einem sehr geringen Teil[13]. Nach STERNs Auffassung liegt dies daran, dass Aufgaben vom Typ A auch ohne ausgebildete Relationalzahlvorstellungen im Kontext in der Regel richtig beantwortet werden können, solange dieser Kontext die Vorstellung „Angleichung von Mengen"[14] nahe legt. Zwar trägt die Vorstellung von der Veränderung bzw. Angleichung von Mengen (Kardinal-

---

[9] Je nach kulturellen Gegebenheiten entwickeln bereits die vorschriftlichen Kulturen dabei recht unterschiedlich ausgeprägte Zahlwortsysteme und ihren jeweiligen Umweltbedingungen adäquate Zählschwellen (Grenzen, bis zu denen Zahlworte zur Verfügung stehen), es sind aber stets natürliche Zahlen und im Sinne Sterns auch kardinale Zahlvorstellungen, die diese Zahlkonzepte prägen, vgl. Kaiser/ Nöbauer 2002, S. 103ff.

[10] Euklid, Def. VII,2; zitiert nach: Gericke 1970, S. 27

[11] Vgl. Gericke 1970, S. 74

[12] Newton, zitiert nach Kaiser/ Nöbauer 2002, S. 118

[13] Vgl. Stern 2003, S.10

[14] A.a.O.

zahlvorstellung) nach STERN weite Teile des Arithmetikcurriculums der Grundschule, mit Blick auf ein anschlussfähiges Zahlverständnis für die Sekundarstufe I scheint ihr aber der Relationalzahlaspekt unerlässlich: „Auf der Basis eines derartigen Wissens [welches ausschließlich auf der Kardinalzahlvorstellung aufbaut – A.V.] kann man nur schwer verstehen, dass für Bruchzahlen eine inverse Beziehung zwischen der Größe der Zahl und der Größe des Nenners besteht. Auch dass Multiplikation zur Verkleinerung und Division zur Vergrößerung einer Zahl führen kann (bei Zahlen <1) ist bei einem derartigen mathematischen Verständnis nicht einzusehen."[15] STERN fordert daher, dass der Mathematikunterricht schon in der Grundschule „über das intuitiv entwickelte Zahl- und Mengenverständnis hinaus gehen"[16] müsse und regelmäßig Gelegenheit zur relationalen Interpretationen von Zahlen und damit einhergehenden Vorstellungen zu den Grundrechenarten bieten solle.

Die Betrachtungen von Zahlaspekten hat in der Mathematikdidaktik im engeren Sinne eine lange Tradition, den Stand der Diskussion für den Bereich der natürlichen Zahlen findet man sehr kompakt zusammengefasst bei KRAUTHAUSEN/ SCHERER. NEUMANN diskutiert ausführlich die unterschiedlichen Aspekte des Bruchzahlbegriffs[17].

KRAUTHAUSEN/ SCHERER unterscheiden für die natürlichen Zahlen Kardinalzahl-, Ordinalzahl-, Maßzahl-, Rechenzahl- und Codierungsvorstellung[18]. Diese Zahlvorstellungen bzw. Zahlaspekte lassen sich dabei in zwei unterschiedliche Arten unterteilen.

Während Kardinal-, Ordinal-, Maßzahl- und Codierungsaspekt semantische Zahlaspekte sind, verweist der Rechenzahlaspekt auf die syntaktische Ebene. Grundvorstellungen zu Zahlen und Rechenoperationen müssen dabei zunächst in Beziehung zu den semantischen Zahlaspekten aufgebaut werden; nur sie erlauben ihrerseits die Verankerung in typischen Sachzusammenhängen (bzw. in der Folge ihre Aktivierung in subjektiven Erfahrungsbereichen). Dabei passen zu unterschiedlichen Zahlvorstellungen auch unterschiedliche Grundvorstellungen zur Addition. Dem Kardinalzahlaspekt ist die Vorstellung des „Vereinigens" oder „Zusammenlegens", dem Ordinalzahlaspekt die des „Weiterzäh-

---

[15] Stern 2003, S. 10, allerdings wäre ergänzend darauf hinzuweisen, dass zwischen dem für das Verständnis der Aufgabe vom Typ B benötigten Relationalverständnis natürlicher Zahlen und dem für den verständigen Umgang mit Brüchen benötigten Relationalzahlverständnis auch noch ein nicht-trivialer Unterschied besteht.

[16] A.a.O.

[17] Vgl. Krauthausen/ Scherer 2001, S.8 f; Neumann 1997, S. 1-34

[18] Vgl. Krauthausen/ Scherer 2001, S. 8

lens" zugeordnet; der Rechenzahlaspekt lässt die Addition schließlich zum regelgeleiteten „Rechnen mit Ziffern" werden[19]. Versucht man, das Rechnen mit natürlichen Zahlen ausschließlich auf der Ebene des Rechenzahlaspekts zu erklären, also die rein symbolische Manipulation von Ziffern gemäß festgelegter Regeln zu etablieren, so könnte man allenfalls von einem verständigen Umgang mit den Rechen*operationen* sprechen, allerdings wohl kaum noch vom verständigen Umgang mit Zahlen. Auch hier sei an die historische Entwicklung erinnert: Zahlen im Wesentlichen durch die auf ihnen durchführbaren Operationen zu definieren, ist eine sehr junge Entwicklung, die mit OHM und HANKEL Ende des 19. Jahrhunderts einsetzt[20] und erst mit HILBERT ihre volle Blüte entfaltet, bei der aber mit den Arbeiten von GÖDEL 1931 und COHEN 1963 auch für die fachwissenschaftliche Durchdringung des allgemeinen Zahlbegriffs bereits Grenzen aufgezeigt worden sind.

Für die Addition spielt im Bereich der natürlichen Zahlen die Kardinalzahlvorstellung eine besondere Rolle. In *Abbildung 3.1.1*[21] sind zwei additive Problemstellungen gemäß Kardinalzahl- und Maßzahlaspekt dargestellt: Die Kommutativität und der ‚Zehnerübergang'. GRIESEL hat darauf hingewiesen, dass unter kardinalem Gesichtspunkt insbesondere die Fähigkeit der Identitätskonservierung von Bedeutung ist, d.h. zu erkennen, dass „die Menge oder Zahleigenschaft der Menge erhalten bleibt, wenn man die Elemente der Menge räumlich verlagert oder in ihrer Verbindung untereinander verändert"[22]. Der Maßzahlaspekt ist für die Erklärung der Addition demnach bereits ein abgeleiteter Aspekt; zur Erklärung muss in der Regel neben konkreten Repräsentanten z.B. auf eine Skala zurückgegriffen werden, die als Basis für den Zählprozess dient[23].

Der Maßzahlaspekt verweist zudem neben der grundlegenden Idee der Zahl auf die grundlegende Idee des Messens. Versteht man Messen allgemein als eine bestimmte Form des Passens („Wie viele Exemplare einer Einheitsform, die zueinander zum Passen gebracht werden, pas-

---

[19] Krauthausen/ Scherer 2001, S. 8. Hier wird deutlich, dass die Kardinalzahlvorstellung von Stern im fachdidaktischen Sprachgebrauch eher eine Kombination des Kardinalzahl- und Ordinalzahlaspekts darstellt, mit der Besonderheit, dass für den Ordinalzahlaspekt die Zählreihenfolge von Bedeutung ist.

[20] Vgl. Kaiser/ Nöbauer 2000, S. 119ff

[21] Modifiziert nach Griesel 1999b, Maßzahlaspekt vom Autor ergänzt

[22] A.a.O., S. 56

[23] Er markiert auch den Übergang zu einem stärker relationalen Zahlverständnis im Sinne Sterns, da die Quantität hier stets in Relation zur vorgegebenen Maßeinheit zu bestimmen ist.

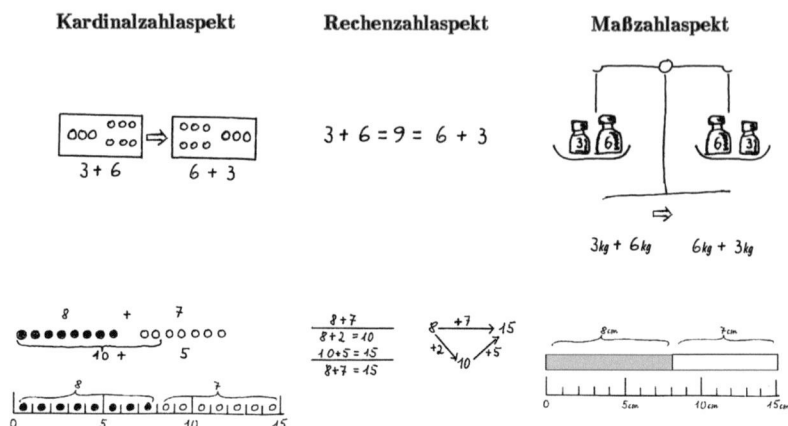

Abbildung 3.1.1

sen in eine vorgegebene, nämlich zu messende Form?"[24]), so wäre die Grundvorstellung ,Anlegen einer Skala' wiederum eine u.a. auch im Bereich des Umgangs mit natürlichen Zahlen hilfreiches lokales Subkonzept dieser Idee. Durch das Anlegen der Skala ist es möglich, ,Messen' wiederum als ,Zählen' – etwa im Sinne der Kardinalzahlvorstellung – zu verstehen.

Für den Übergang zu den Bruchzahlen bietet gerade auch die Idee des Messens eine Motivation: Wie soll man sich verhalten, wenn die vorgelegte Einheitsform größer ist als die zu messende Form? In der Regel wird man die Einheitsform geeignet unterteilen, in alltäglichen Kontexten wechselt man oft zu kleineren Einheiten, die mathematisch gesehen aus äquidistanter Teilung der alten Einheit entstehen (von Metern zu Zentimetern), aber auch Formulierungen, die direkt auf Brüche verweisen (ein halbes Kilo, eine viertel Stunde), treten auf. Tatsächlich gehört die Vorstellung von Brüchen „als Zusammenfassungen kleinerer Einheiten"[25] zu den ältesten Vorstellungen zum Bruchzahlbegriff: „Anzeichen für diese Auffassung finden sich bei den Ägyptern [...] und noch stärker bei den Babyloniern, bei denen die Einteilung der Maßeinheiten in Untereinheiten geradezu mit der Teilung der Zahlen in jeweils

---

[24] Bender/ Schreiber 1985, S. 202
[25] Gericke 1970, S. 32

60 Teile identifiziert wird, also die Bruchbezeichnungen liefert"[26]. Der griechischen Mathematik blieb diese Vorstellung aufgrund der besonderen philosophischen Bedeutung der Einheit (die als prinzipiell unteilbar galt) fremd, sie trennt strikt zwischen (kontinuierlichen) Größen und (diskreten) Zahlen[27].

Ein wichtiges Ziel des Unterrichts besteht nun darin, diese und in anderen Kontexten erworbene alltägliche Vorformen von Bruchvorstellungen in die Idee der ‚Bruchzahl' zu integrieren, d.h. Vorstellungen zum Zahlbegriff so zu erweitern bzw. zu verändern, dass Brüche tatsächlich als Bruch*zahlen* verstanden werden und schließlich auch mit ihnen gerechnet werden kann, d.h. den Rechenzahlaspekt für Brüche semantisch fundiert aufzubauen. Die Bruchrechendidaktik ist sich mittlerweile relativ sicher, dass dieses Unterfangen keinesfalls ein nahtloses Anknüpfen an alltägliche Vorstellungen oder im Bereich der natürlichen Zahlen schulisch erworbene Vorstellungen darstellt, sondern vielmehr „Brüche bei den Brüchen"[28] unvermeidbar sind.

Als basale, im Bereich der Bruchzahlen neu zu erwerbende Vorstellung wird allgemein die Vorstellung vom ‚Bruch als Teil vom Ganzen' angesehen, sie spielt in beiden nun folgend diskutierten Vorschlägen eine zentrale Rolle[29]. Für die beiden folgenden Vorschläge zur Einführung in die Addition von Brüchen wird dabei im Wesentlichen auf die Variante ‚Bruch als Teil eines Ganzen' zurückgegriffen:

Gegeben sei die Einheit E (das ‚Ganze'). Der Bruch $\frac{m}{n} E$ bedeutet dann: Nimm das Ganze E, unterteile es in n gleich große Teile und nimm m Teile davon.[30]

Die Maßzahlvorstellung im Bereich der Brüche beruht nun u.a. auf dieser Vorstellung: Das ‚Ganze' ist die ursprüngliche (zu große) Einheitsform und die Unterteilung in n gleich große Teile führt dazu, dass der Passvergleich mit der entsprechend n-fach verkleinerten Einheitsform durchgeführt werden kann[31].

---

[26] Gericke 1970, S. 32

[27] Vgl. a.a.O., S. 26

[28] Fußnote fehlt!

[29] Prediger 2004

[30] In letzter Zeit wird verstärkt auf die Bedeutung der Verhältnisvorstellung in Abgrenzung/ Ergänzung zur Anteilsvorstellung hingewiesen. Im Rahmen dieses Abschnitts kann darauf nicht weiter eingegangen werden, man vgl. etwa Dörfler 2002, Führer 2004a, sowie ausführlich Führer 1999.

[31] Vgl. Padberg 2002, S. 41

Die Vorstellung des ‚Anlegens einer Skala' wird dementsprechend auf die Vorstellung eines ‚Anpassens einer Skala' an die zu messende Größe erweitert.

Erster Vorschlag (Padberg)

Der Vorschlag von PADBERG ist maßgeblich durch die Maßzahlvorstellung und ihre Interaktion mit der (Quasi-)Kardinalzahlvorstellung geprägt. Dabei beginnt er im Sachzusammenhang der Bestimmung von Längen[32]:

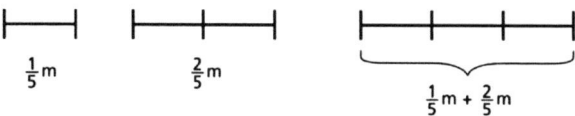

Abbildung 3.1.2

Die Addition von Brüchen entspricht auf der Ebene der Repräsentanten dem Aneinanderlegen. Die Zusammenfassung der Repräsentanten ist dann die Summe der Brüche. Im einfachen Fall gleichnamiger Brüche kann man auf der zeichnerischen Ebene direkt das Ergebnis der Addition ablesen. Die Brüche sind also in diesem Fall gleichermaßen als *Maßzahlen* als auch als *Rechenzahlen* geeignet. Hier kommt die Idee des Messens insofern ins Spiel, als die aus dem Bereich der natürlichen Zahlen bekannte Vorstellung des ‚Vergleichs von Größen auf der Basis einer Einheitsform' aktiviert werden soll.

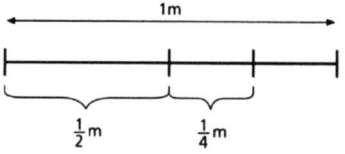

Abbildung 3.1.3

Sind die Brüche ungleichnamig, so kann man die Länge auf zeichnerischer Ebene immer noch bestimmen, aber den zugehörigen Bruch nicht mehr ablesen. Hier kommt nun die Idee des Messens zum Zuge: „Wir

---

[32] Alle Abbildungen zu Padbergs Vorschlag entstammen Padberg 2002.

müssen [...] eine *gemeinsame* Unterteilung für *beide* Strecken finden"[33]. Die Brüche sind also zwar als Maßzahlen für die beiden *einzelnen* Brüche geeignet, aber nicht für die Bestimmung der *Gesamtlänge*. Um mit ihnen zu rechnen, muss zunächst eine geeignete Maßeinheit gefunden werden, mit Hilfe derer die Brüche wieder zu Rechenzahlen werden können. Hier wird also die Idee des Messens um die Vorstellung des ‚Vergleichs von Größen auf der Basis einer (zuvor bestimmten) geeigneten Einheitsform' erweitert.

Diese Maßeinheit ist dann eine geeignete Einheit, wenn sie eine gemeinsame Unterteilung beider Brüche liefert. Bei diesem Beispiel haben wir Glück: Eine passende Unterteilung ist durch den Nenner eines Summanden vorgegeben: Die Viertel-Teilung.

Was passiert aber, wenn man z.B. $\frac{1}{4} + \frac{2}{3}$ rechnen will? Interessanterweise geht PADBERG für diesen Fall zur Repräsentation durch Flächen über:

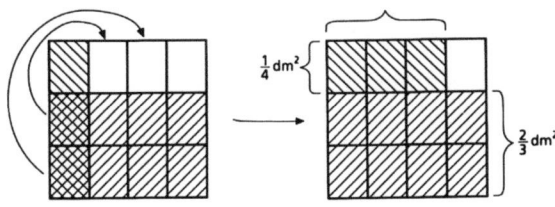

Abbildung 3.1.4

Nach PADBERG findet man die gemeinsame Unterteilung im Falle teilerfremder Nenner einfacher, wenn man sie über Flächen repräsentiert. Diese Einschätzung ist nicht ganz unproblematisch: Die zweidimensionale Repräsentation verweist bereits auf das multiplikative Element der Additionsregel. Aus der Perspektive des Bereits-Wissenden ist klar, dass man die Brüche wechselseitig erweitern muss. Dies entspricht auf der Ebene der Repräsentation dem vertikalen Unterteilen gemäß eines Nenners und horizontal gemäß des anderen. Kennt man diese Regel noch nicht, ist zunächst einmal völlig unklar, warum man bei einem additiven Problem zu einer zweidimensionalen Repräsentation übergeht. Die Veranschaulichung ist weder eine kontextimmanente Fortsetzung der beiden einfacheren Fälle, noch ist der Kontextwechsel motivierbar, ohne dass bereits Wissen über das Erweitern und Kürzen vorausgesetzt wird.

---

[33] Padberg 2002, S. 91

Hier mag man einwenden, man könne ja auch im Längenkontext bleiben. Dann wäre allerdings zu fragen, wie man die zu findende gemeinsame Einheit (Zwölftel) motivieren wollte, ohne wiederum auf externe Argumente zu setzen, etwa bereits erworbene Kürzungs- und Erweiterungsstrategien. Diesen können aber ihrerseits Vorstellungen zu Grunde liegen, die mit dem (eindimensionalen) Maßzahlkontext nicht zwingend etwas zu tun haben. PADBERG selbst schlägt als enaktive Repräsentation zum Erweitern etwa das vertikale Falten eines bereits horizontal unterteilten Blattes vor[34], womit man schließlich doch wieder bei einer zweidimensionalen Interpretation angelangt wäre oder aber darauf setzt, dass eine inhaltliche Vorstellung zum Erweitern an dieser Stelle bereits auf Grund hinreichenden systematischen Wissens entbehrlich geworden wäre.

Unter teleologischen Gesichtspunkten offenbart sich hier jedenfalls eine Bruchstelle in PADBERGs Konzeption: Während PADBERG die Notwendigkeit der Suche einer gemeinsamen Unterteilung im Sachzusammenhang der Repräsentation durch Strecken motiviert, erklärt er das Verfahren, wie man sie findet, im Sachzusammenhang der Repräsentation durch Flächen. Messen wird hier nur für die Suche nach der Einheit zum erhellenden Argument, nicht für das Finden.

Nur aus der Perspektive des Bereits-Wissenden erklärt das Messen auch dieses Finden: Für ungleichnamige Brüche $\frac{m}{n}$, $\frac{p}{s}$ ist stets $\frac{1}{n \cdot s}$ eine geeignete Einheit. Nur aus dieser Perspektive erklärt aber die angebotene Veranschaulichung die Regel.

Die zweidimensionale Darstellung bietet keinerlei Hinweis darauf, wie man zu ihr gekommen ist bzw. wie man die dazugehörige Regel entdecken kann. Diese Frage steht bei PADBERG nicht im Mittelpunkt des Interesses. Das mag auch daran liegen, dass in PADBERGs Aufbau der Bruchrechnung vor der Behandlung der Addition bereits eine systematische Behandlung des Erweiterns und Kürzens von Brüchen vorgesehen ist.

Aber gehen wir noch mal einen Schritt zurück: Der Übergang von der ‚Teil-vom-Ganzen'-Vorstellung zur Maßzahlvorstellung erfolgt bei PADBERG nicht direkt, sondern vermittelt über die Grundvorstellung von Brüchen als ‚Quasikardinalzahlen'.

---

[34] Vgl. Padberg 1995, S. 57

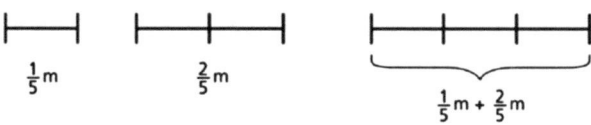

Abbildung 3.1.5

Wir fassen in diesem Fall als neue Einheit auf und rechnen dann:

$$1\boxed{\dfrac{m}{n}} + 2\boxed{\dfrac{m}{n}} = 3\boxed{\dfrac{m}{n}}$$

Im Fall ungleichnamiger Brüche suchen wir gemäß der Idee des Messens eine geeignete neue Einheit, um anschließend „auch hier die Gesamtlänge durch Abzählen der Teilstrecken bestimmen"[35] zu können. Auch für den ungleichnamigen Fall ist das ‚Abzählen', die quasikardinale Grundvorstellung wesentlich. Zu Rechenzahlen werden die Brüche also, indem man sie als (Quasi-)Kardinalzahlen interpretiert. Dazu ist u.U. der Übergang zu einer anderen Maßeinheit nötig.

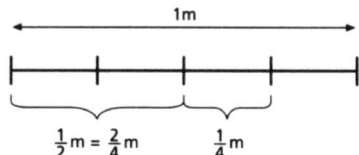

Abbildung 3.1.6

Ein weiteres Problem kommt hinzu: Schon im vergleichsweise einfachen Fall wird darauf aufgebaut, dass $1\boxed{\dfrac{m}{2}}$ und $2\boxed{\dfrac{m}{4}}$ Maßangaben für dieselbe Strecke sind.

Überlegenswert wäre an diesem Punkt, zunächst den Umweg über die nächst kleinere Standardmaßeinheit *cm* zu gehen. Dass ein halber Meter fünfzig Zentimeter lang ist, dürfte noch eher zum intuitiven Verständnis gehören, als dass ein halber Meter zwei viertel Meter lang ist. Inwiefern die Quasikardinalzahlvorstellung im Sachzusammenhang der Längenmessung ohne Weiteres für Schülerinnen und Schüler aktivierbar ist, ist zumindest nicht direkt klar. Ein etwas skeptisch stimmender

---

[35] Padberg 2002, S. 57

empirischer Hinweis stammt aus einer Studie von PADBERG/ BIENERT 2000. Bei der dort gestellten Aufgabe: „Eine Gruppe von Schülern übt Weitsprung. Karsten springt 4 Meter. Heike springt ein fünftel Meter kürzer. Wie weit springt Heike?" geben 12 von 13 Schülerinnen und Schülern, die das richtige Ergebnis nennen, dies in Form eines Dezimalbruchs an. „In einer Weitsprungsituation mit gemeinen Brüchen zu operieren, scheint nicht im Erfahrungsbereich der Schüler zu liegen"[36]. Dies lässt die Einbeziehung kleinerer Standardmaßeinheiten zumindest überlegenswert erscheinen.

Kritisch wird die Bevorzugung künstlicher Maßeinheiten beim Übergang zur allgemeinen Regel: Man kann zwar die Quasikardinalzahlvorstellung beibehalten, nimmt aber einen Wechsel des Sachzusammenhangs in Kauf und legt gleichsam das multiplikative Element bereits in die angebotene Visualisierung hinein. Damit wird den Schülerinnen und Schülern eine wesentliche Einsicht vorweggenommen und indirekt die Additionsregel für nicht direkt verstehbar bzw. zumindest als im ursprünglichen Zusammenhang nur schwer entdeckbar klassifiziert. Hier gilt es nun abzuwägen, was das didaktisch höhere Gut ist: Die prinzipiell wichtige Charakterisierung von Brüchen als Zählzahlen oder die Chance, die Regel möglichst umfassend im Erfahrungsbereich der Schülerinnen und Schüler zu entfalten (und somit dem teleologischen und dem genetischen Grundprinzip zu folgen). PADBERG setzt hier eindeutig auf einen steuernden Eingriff.

Die von PADBERG vorgelegte Stufung (gleichnamige Brüche → Brüche, bei denen ein Nenner Vielfaches des anderen Nenners ist → allgemeine Brüche bzw. Brüche mit teilerfremden Nennern) lässt zudem eine Fixierung auf den Rechenzahlaspekt erkennen: Der ‚einfachste Fall' ist insofern der einfachste, als dass die vorgelegten Brüche bereits als Rechenzahlen genutzt werden können. Die beiden ‚schwierigeren Fälle' erfordern jeweils eine Umwandlung der Brüche (Erweitern), wobei im dritten Fall das Ziel der Umformung durch einen Wechsel des Sachzusammenhangs (Längen → Flächen) gewonnen wird. Im Sinne WINTERs muss man diese Stufung als „verfahrensdominant und schwierigkeitsgradig"[37] bezeichnen.

---

[36] Padberg/ Bienert 2000, S. 32. Hier stellt sich sogar die Frage, ob etwas Anderes überhaupt wünschenswert wäre. Zum *realen* Erfahrungsbereich von Weitspringerinnen und -springern gehören gemeine Brüche wohl eher nicht.

[37] Winter o.J., S. 53

Die Gefahr einer solchen Stufung liegt darin, dass „die *Syntax* der Bruchrechnung ein Übergewicht" erhält, „das auf Kosten des Verständnisses gehen muß"[38].

Insofern muss PADBERGs Vorschlag als problematisch angesehen werden. Er betont zwar, dass für ein „fundiertes inhaltliches Verständnis der Additionsregel [...] ein *gründliches* Agieren auf der Repräsentantenebene erforderlich ist"[39], bereits auf dieser Ebene zeigen Auswahl und Reihung der Repräsentationen aber eine gewisse Dominanz des Rechenzahlaspekts.

Insgesamt möchte PADBERG also im Sachzusammenhang der Längen- bzw. Flächenmessung unter Rückgriff auf die Quasikardinalzahlvorstellung die Maßzahlvorstellung so erweitern, dass sie auch im Bereich der Brüche zur semantischen Stützung der Rechenzahlvorstellung genutzt werden kann. Dabei wird die Erweiterung der Idee des Messens vom ,Vergleich von Größen auf der Basis einer Einheitsform' auf die eines ,Vergleichs von Größen auf der Basis einer (zuvor bestimmten) geeigneten Einheitsform' erweitert. Dazu wird bereits früh systematisches Wissen zum Erweitern und Kürzen erwartet und im Falle der allgemeinen Regel ein Wechsel des Sachzusammenhangs in Kauf genommen, verbunden mit einer suggestiven Hilfestellung bzgl. der geeigneten Einheitsform.

Zweiter Vorschlag (Streefland)

Der Vorschlag von STREEFLAND geht einen etwas anderen Weg. Hier tritt die Charakterisierung von Bruchzahlen als Rechenobjekte zunächst in den Hintergrund und es wird mehr Augenmerk auf die Suche einer passenden Unterteilung der Brüche gelegt. STREEFLAND beginnt dabei, anders als PADBERG, nicht im Sachzusammenhang von Größen im engeren Sinne, sondern mit einer Situation, für welche die Vorstellung des ,gerechten Verteilens' den Ausgangspunkt darstellt[40]. Deren Bedeutung für die Fundierung des Bruchzahlbegriffs allgemein und insbesondere für die ,Teil-vom-Ganzen'-Vorstellung ist in der Bruchrechendidaktik weitgehend unstrittig. Der besondere Reiz bei STREEFLANDs Vorschlag besteht nun darin, diese Vorstellung auch für Vergleichs- und Additionsprobleme nutzbar zu machen.

---

[38] Winter o.J., S. 53

[39] Padberg 2002, S. 96

[40] Streefland führt Brüche zunächst als Lösungen für Verteilungsaufgaben ein, wie wir sie von den typischen ,Pizza-Aufgaben' kennen, also gleichmäßige Verteilungen.

Im vorliegenden Beispiel geht es dabei ausnahmsweise nicht um Pizzas, sondern um Schokolade. STREEFLAND gibt Ergebnisse einer von LEK 1992 an 9- bis 10-jährigen niederländischen Schülerinnen und Schülern durchgeführten, qualitativen Untersuchung wieder.

Der Ausgangskontext des gerechten Teilens von Schokoladentafeln ermöglicht den Kindern eine feste Identifikation von Brüchen mit bestimmten natürlichen Zahlen: Dem durch einen Bruch angegebenen Teil einer ganzen Tafel steht eine Zahl von Schokoladenstücken gegenüber. Auf den ersten Blick kann das zu Problemen führen. So antworten Schülerinnen und Schüler auf die Frage: „Nimm an, von einer Schokoladentafel mit 15 Stücken sollen der Tafel und der Tafel weggenommen werden. Ist das möglich¿' mit „Nein", und zwar nicht, weil und zusammen mehr als eine Tafel ist, sondern weil man 15 weder durch 4 noch durch 6 teilen kann[41].

Aus ihrer Erfahrung mit Schokoladentafeln ist es für sie klar, dass man die Stücke von Schokoladentafeln nicht oder nur sehr schlecht in kleinere Stücke brechen kann. Diese Vorstellung ist weit weniger kontraproduktiv als es zunächst erscheint. Betrachten wir die folgende, von STREEFLAND dargestellte Beispielaufgabe:

Beispiel: Auf der Suche nach passenden Schokoladentafeln

Problem: Koeno bekommt 3/4 einer Schokoladentafel, Marja bekommt 5/6 einer Tafel. Wer bekommt mehr? Wie viel bekommen sie zusammen?[42]

Die Schüler suchen hier zunächst eine „passende Schokoladentafel". Für Koeno würde eine mit 4 Stücken reichen, aber für Marja müsste man dann die Stücke wieder in kleinere Stücke zerteilen. Also brauchen wir schon mal mindestens 6 Stücke. Der Versuchsleiter hat den Schülerinnen und Schülern in seiner Untersuchung viel Freiraum bei der Suche nach der passenden Zahl gelassen. Erst anschließend hat er mit ihnen diskutiert, welcher Weg der effektivste ist.

---

[41] A.a.O. Diese Verteilung ist natürlich nicht mehr ‚gerecht' im Sinne der nicht vorhandenen gleichmäßigen Aufteilung zwischen Koeno und Marja.

[42] Vgl. Streefland 1997, S. 363. Dieses Beispiel und alle weiteren wurden vom Autor aus dem Englischen übersetzt. Alle Abbildungen wurden ebenso dieser Quelle entnommen und entsprechend sprachlich modifiziert.

Er stellte fest, dass Schüler die Tafel überwiegend streifenförmig, also eindimensional anordnen[43]. Eine schematisierte Darstellung der Lösung der Aufgabe findet sich in *Abbildung 3.1.7*.

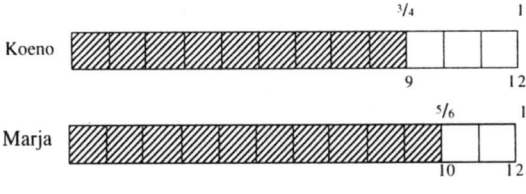

Abbildung 3.1.7

Diese Darstellung liefert wiederum die Identifikation von Bruchteilen mit natürlichen Zahlen, hier der Anteile von Koeno und Marja mit der jeweiligen Anzahl der Stücke[44].

Hier fungiert die Anzahl der Stücke als „mediating quantity"[45]. Sie erlaubt es, die Anteile von Marja und Koeno zu *vergleichen*. Und schon kommt die Idee des Messens ins Spiel: Um zu beurteilen, ob etwas gerecht verteilt ist, müssen wir die Anteile *vergleichen*. Die Basis unseres Vergleichs ist in diesem Fall die vermittelnde Größe. Wir haben es also auch in diesem Sachzusammenhang mit der Erweiterung der Messvorstellung auf die des ‚Vergleichs mittels einer (zuvor bestimmten) geeigneten Einheitsform' zu tun. Allerdings wird diese Einheitsform, im Unterschied zu PADBERG, gar nicht im Bereich der Bruchzahlen gesucht und gefunden, sondern zunächst im Bereich der natürlichen Zahlen, als ‚vermittelnde Größe'. Haben wir die Brüche auf der Basis der vermittelnden Größe „vergleichbar" gemacht, können wir aber auch additive Probleme lösen[46].

---

[43] Vgl. Streefland 1997, S. 364. Hier kann man spekulieren, ob dies an niederländischen Schokoladen liegt. Der von Streefland im Englischen verwendete Begriff „bar of chocolate "suggeriert u.U. eine ‚eindimensionale Schokolade', ließe sich aber im Deutschen ähnlich suggestiv als ‚Schokoriegel' übersetzen. Im Niederländischen heißt es allerdings ‚tablet chocola' und dies dürfte ‚Tafel' näher kommen als ‚Riegel'.

[44] Auch im Bereich des von Padberg präferierten Maßzahlkontextes gibt es Hinweise darauf, dass diese Identifikation eine Rolle spielt. So traten in einer von Padberg bei Realschülerinnen und -schülern der Klasse 5 (N=157) durchgeführten Studie überdurchschnittliche Lösungsquoten dort auf „wo durch die alltägliche Praxis feste Identitäten vorhanden sind wie bei ‚$\frac{1}{4}$ Stunde = 15 Minuten', ‚$\frac{1}{2}$ Stunde = 30 Minuten' und ‚$\frac{3}{4}$ Stunde = 45 Minuten'"; Padberg 2001, S. 117.

[45] Streefland 1997, S. 363

[46] Siehe *Abbildung 3.1.8* auf der nächsten Seite. Das *b* steht für *bar of choclate*.

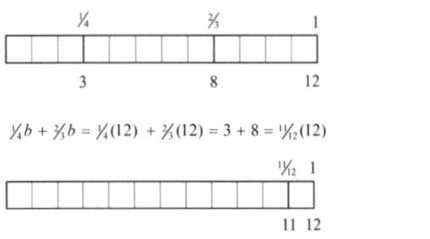

Eine Schokoladentafel habe 12 Stücke.

Wieviel ist $\frac{1}{4}$ Schokoladentafel + $\frac{2}{3}$ Schokoladentafel?

$\frac{1}{4}b + \frac{2}{3}b = \frac{1}{4}(12) + \frac{2}{3}(12) = 3 + 8 = \frac{11}{12}(12)$

Abbildung 3.1.8

Wie steht es nun um die hier intendierte Erweiterung der Zahlvorstellung? STREEFLAND räumt ein, dass durch das Konzept der vermittelnden Größe ein entscheidender Wandel im Verständnis von Brüchen provoziert wird. Sie sind nicht mehr nur Brüche als ‚Teil vom Ganzen' sondern „fractions in operators"[47]. Wohlgemerkt: Es geht hier nicht um den strukturmathematischen Operatoransatz im engeren Sinne. Es geht um den operativen Umgang mit Brüchen. Dabei werden Brüche zu operativen Handlungsanweisungen.

Im Beispiel wird etwa zur Handlungsanweisung, die Schokolade in vier gleich große Teile zu teilen. Diese Handlungsanweisung wird auf die Anzahl der Stücke als vermittelnde Größe übertragen. Auf der Ebene der vermittelnden Größe kann dann auch die komplexe Handlungsanweisung ausgeführt werden. Sie zerfällt in die Teilschritte der Bestimmung einer Tafel mit einer Stückzahl, auf die sich die Handlungsanweisungen und ausführen lassen, die Bestimmung der Gesamtzahl der Stücke und des In-Beziehung-Setzens dieser Zahl zur Gesamtzahl der Schokoladen Stücke der Tafel als . Die Anzahl der Schokoladenstücke der Tafel ist ‚vermittelnde Größe' insofern sie die Funktion übernimmt, die normalerweise direkt der Nenner der Bruchzahl übernimmt.

Im Unterschied zum Ansatz von PADBERG wird also noch kein direkter Zugang zum Rechenzahlaspekt der Bruchzahlen ermöglicht. Es wird zunächst mit natürlichen Zahlen gerechnet, nicht mit den Brüchen selbst. STREEFLAND empfiehlt den Blick allmählich zu erweitern:

– Zunächst werden Aufgaben mit vorgegebener Anzahl von Stücken je Schokolade gegeben.

[47] Streefland 1997, S. 365

– Dann suchen die Schülerinnen und Schüler selbst eine passende Anzahl.

– Schließlich wird die Wahl der Stücke diskutiert: Was ist die kleinste Stückzahl einer passenden Schokolade? Was hat diese Stückzahl mit den Nennern der Brüche zu tun?[48]

Hier zeigt sich, dass STREEFLAND, anders als PADBERG, nicht zu früh auf den Rechenzahlaspekt hinaus will. Sein Vorschlag ist durch „fortschreitendes Schematisieren"[49] gekennzeichnet: Im Laufe des Unterrichts sollen die Schülerinnen und Schüler zum Gebrauch von zunehmend effizienteren und eleganteren Vorgehensweisen angeregt werden. Dabei ist der Übergang zum Rechenzahlaspekt zwar ein wesentliches Ziel, das Rechen*verfahren* dominiert aber nicht von Anfang an den Weg dorthin.

Ein Schritt auf dem Weg zu diesem Ziel ist auch bei STREEFLAND der Übergang zu Messproblemen im engeren Sinne: Anfangs werden mit den Schokoladentafeln Preise und Gewichte verbunden. Diese Preise oder Gewichte übernehmen die Rolle der vermittelnden Größe. Daran anknüpfend geht STREEFLAND zum Rechnen in Größenbereichen über. Hier können die jeweils kleineren Maßeinheiten die Rolle der vermittelnden Größe übernehmen[50]:

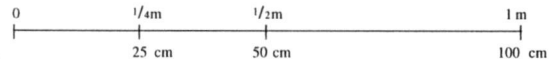

Abbildung 3.1.9

Im Gegensatz zu PADBERG ist dieser Übergang eine immanente Erweiterung des Vorgehens bei Schokoladentafeln. Spätestens bei dieser Erweiterung müssen die Schülerinnen und Schüler dann auch Abstand von ihrer „unteilbaren" Vorstellung des Schokoladenstücks nehmen. Gerade in Größenbereichen wird man Brüchen recht schnell keine passende natürliche Zahl zuordnen können ($\frac{1}{3}m = \ldots cm$).

Daraus sollte man nicht unbedingt ein generelles Argument gegen das Konzept der vermittelnden Größe machen. Im anfangs gewählten Sachzusammenhang führt das Konzept der vermittelnden Größe zunächst

---

[48] Vgl. Streefland 1997, S. 364ff
[49] Zum Begriff des fortschreitenden Schematisierens vgl. etwa Treffers 1983.
[50] Vgl. Streefland 1997, S. 369

stets zum Erfolg. Der vorprogrammierte ‚Bruch' im Bereich der Maß-
zahlbestimmung könnte gerade ein Argument für eine Reflexion des
bislang verfolgten Weges und damit eine Motivation für eine stärkere
Systematisierung und schließlich eine Charakterisierung der Bruchzahlen als Rechenzahlen sein.

Vergleich beider Vorschläge

Vergleicht man STREEFLANDs Vorschlag abschließend vor dem Hintergrund der Erweiterung von Zahl-, Mess- und Additionsvorstellungen
mit dem von PADBERG, so ist festzuhalten:

- PADBERGs Ausgangspunkt ist der Sachzusammenhang der Län-
  genbestimmung, in dem die ‚Teil-vom-Ganzen'-Vorstellung ge-
  brochene Maßeinheiten motiviert, STREEFLAND setzt auf eine Situation, in der die ‚Teil-vom-Ganzen'-Vorstellung aus gerechtem
  Verteilen resultiert.

- Sowohl PADBERG als auch STREEFLAND greifen in ihren Vorschlägen auf die Idee des Messens zurück, sie erweitern diese jeweils
  für den Bereich der Brüche um die Vorstellung vom ‚Vergleich
  mittels einer (zuvor bestimmten) geeigneten Einheit'.

- Diese Erweiterung wird bei STREEFLAND in einem relativ offenen
  Prozess angestrebt, der auf eine Erweiterung der Bruchzahlvor-
  stellungen um eine handlungsorientierte Fassung der Operatorvorstellung zielt, bei PADBERG wird auf systematische Kenntnisse
  zum Erweitern und Kürzen zurückgegriffen, die auf eine Erweiterung der Grundvorstellungen um die Quasikardinalzahlvorstellung zielen.

- PADBERG nutzt diese Vorstellung schließlich, um über eine auf
  den Bereich der Brüche erweiterte Maßzahlvorstellung direkt die
  Rechenzahlvorstellung (für additive Probleme) aufzubauen, während STREEFLAND den Umweg über vermittelnde Größen vorschlägt, der im Prozess des fortschreitenden Schematisierens erst
  noch zum ‚echten' Rechnen mit Brüchen erweitert werden muss.

Insgesamt wirken bei STREEFLAND die Veränderungen in Zahl- und
Messvorstellungen stimmiger in den Kontext integriert und aus der Sache heraus motiviert bzw. motivierbar. Die Chance, dass etwa die erweiterte Vorstellung zur Idee des Messens auch aus der Lerner-Perspektive
erkenntnisleitend wirkt, ist hier m.E. höher einzuschätzen, zum einen

wegen des weitgehenden Verzichts auf externe Argumente (anderweitig erworbene systematische Kenntnisse aus dem Bereich der Brüche) und zum anderen durch Aufgreifen intuitiver Vorstellungen (Brüchen sind gewisse natürliche Zahlen zugeordnet). In Auswahl und Reihung der Beispielaufgaben von PADBERG wird deutlich, dass in seinem Vorschlag auf ein deutlich höheres Maß an Steuerung gesetzt wird und teilweise auch gesetzt werden muss.

Natürlich muss man einschränkend einräumen, dass PADBERG von einem anderen curricularen Rahmen ausgeht als STREEFLAND. In Deutschland findet die gesamte Bruchrechnung immer noch innerhalb weniger Wochen im sechsten Schuljahr statt. Im niederländischen Konzept hat man sich für eine deutliche Entzerrung entschieden, in der erste Begegnungen im dritten Schuljahr, ein gründlicher Aufbau des Bruchzahlverständnisses bis zur Klasse 5 und eine systematische Behandlung der Rechenregeln im sechsten Schuljahr erfolgen[51]. Diese Rahmenbedingungen eröffnen natürlich deutlich mehr Raum für eine gründliche semantische Fundierung der Rechenregeln.

Eingangs dieses Abschnitts wurde bewusst auf die Entscheidung für Mischformen beider Ansätze hingewiesen. So wäre zu überlegen, auf welche Art und Weise man PADBERGs Vorschlag ergänzen und z.B. seine starke Fixierung auf die quasikardinale Vorstellung aufbrechen könnte. Ein kleiner Schritt wäre es etwa, an Stelle der suggestiven Flächenfigur für den allgemeinen Fall, mit mehreren strukturgleichen Skalen zu arbeiten (z.B. auf Basis kleinerer Maßeinheiten als vermittelnder Größe, s. *Abbildung 3.1.10*)[52].

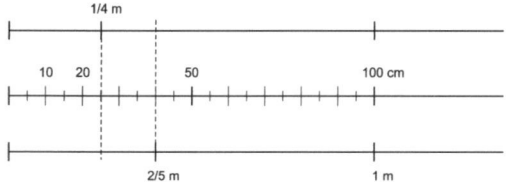

Abbildung 3.1.10

Für kleinere Maßeinheiten als vermittelnde Größen spricht auch die Möglichkeit, Verbindungen zwischen gemeinen Brüchen und Dezimalbrüchen in den Blick zu nehmen. Die Ergebnisse von NEUMANN und

---

[51] Vgl. Streefland 1991, S. 62ff
[52] Vgl. auch Baireuther 2003, S. 10

MARX legen nahe, dass für ein tragfähiges Verständnis von Bruchzahlen eine möglichst frühe Kopplung beider Darstellungsweisen ohnehin wünschenswert wäre[53].

Weitergehend könnte man überlegen, ob der Charme des Schokoladenbeispiels nicht auch Mut machen kann, nicht mit dem bereits sehr vorstrukturierten Maßzahlkontext einzusteigen und sich etwas mehr Zeit für eine intensivere unterrichtliche Aushandlung zu nehmen. Auch hier muss es nicht um ein Entweder-Oder gehen. Man kann wohl eher davon ausgehen, dass multiple Kontexte, die zudem beide Zahlvorstellungen – die Operatorvorstellung und die der Quasikardinalzahl – fördern und fordern, dem Verständnis zuträglicher sind als die Beschränkung auf einen Aspekt.

Wenn man unter stärker methodischen Gesichtspunkten auf das Beispiel zurückblickt, kann man festhalten: Bei diesem Analysebeispiel wurde die Bedeutung der grundlegenden Ideen *Zahl* und *Messen* vorab postuliert. Dies schien insofern angebracht, als zum einen eine Zahlbereichserweiterung die Reflexion des Zahlbegriffs und nötiger Vorstellungsänderungen nahezu unabdingbar macht und zum anderen der auch historisch enge Zusammenhang zwischen Zahlen und Größen sowie die Bedeutung der Maßzahlvorstellung im Bereich der rationalen Zahlen hinreichende Anhaltspunkte für die Bedeutung der Idee des Messens sind. Die Analyse selbst schränkt die pauschale Bedeutung des Messens hier insofern ein, als der Maßzahlkontext im engeren Sinne unter teleologischen und genetischen Gesichtspunkten gegenüber einer eher weiten Interpretation des Messens (als Vergleichen mit günstigen Basiseinheiten) deutlich zurückfällt.

Dies verdeutlicht noch einmal, wie schwierig es ist, grundlegenden Ideen ex ante eine Bedeutung für spezifische mathematische Themen zuzugestehen und wie wichtig eine sorgfältige Analyse der lokal konkret angesprochenen Subkonzepte für eine verlässliche Einschätzung der tatsächlichen Bedeutung dieser Ideen ist. Diese Feststellung wird das folgende Analysebeispiel im nächsten Abschnitt insofern leiten, als dort die konkrete Bedeutung vorab zugeordneter grundlegender Ideen den Fokus kritischer Erörterung darstellt.

---

[53] Beide attestieren, dass Schülerinnen und Schülern gemeine Brüche und Dezimalbrüche wie zwei verschiedene Arten von Zahlen vorkommen, und empfehlen, die Einführung dieser Zahldarstellungen stärker parallel auszurichten und die Frage der Nichteindeutigkeit der Zahldarstellung im Unterricht explizit zu thematisieren, vgl. Marx 2007, S. 109f, Neumann 1997, S. 284.

3.2 Perspektive II: Präskriptive Aufgaben- und Lösungsweganalyse

Die Aufgabe „Rechteck im Trapez" (Bildungsstandards Deutschland)

In Abschnitt 1.8 wurde der Prozess der Zuordnung von Beispielaufgaben zu Leitideen in den Bildungsstandards grundsätzlich problematisiert und die These aufgestellt, dass die Zuordnung auf Basis zugeordneter inhaltlicher Kompetenzanforderungen insofern problematisch sei, weil sie ohne eine Betrachtung verschiedener Lösungsmöglichkeiten fast zwangsläufig oberflächlich, wenn nicht verfälschend sein müsse. Zudem wurde der Vorwurf erhoben, dass der in den Bildungsstandards umgesetzte Zuordnungsprozess die im allgemeinen mit grundlegenden Ideen verbundenen, auch für die Neue Lernkultur bedeutsamen normativen Grundprinzipien des Umgangs mit Mathematik keineswegs sicherstellen könne.

Das folgende Beispiel dient nun dazu, diese Thesen exemplarisch zu erhärten und gleichzeitig eine neue Perspektive für den analytischen Einsatz grundlegender Ideen zu eröffnen, die eine stärker ideologiekritische Ausrichtung darstellt. Wir fragen im Folgenden:

- Welche grundlegenden Ideen sind der Aufgabe durch die Autoren zugeordnet worden? Inwiefern erscheint die Zuordnung auf der Basis des angegebenen Musterlösungsweges stimmig, d.h. inwieweit stehen die im Lösungsweg angesprochenen Kompetenzerwartungen in Verbindung zu den postulierten Ideen?

- Bleibt die Zuordnung von Ideen zu der Aufgabe konsistent, wenn Lösungsalternativen in Betracht gezogen werden oder ergeben sich Verschiebungen?

- Was lässt sich in Abhängigkeit von den Lösungsalternativen über die Umsetzung der mit einer Orientierung an grundlegenden Ideen verbundenen normativen Grundprinzipien aussagen bzw. inwiefern erscheint die Aufgabe als potenzieller Anknüpfungspunkt für eine weitergehende Reflexion über die angesprochenen Ideen?

Schließlich werden auch in diesem Beispiel Überlegungen zur konstruktiven Synthese der gewonnen Einsichten die Analyse abrunden.

Die Beispielaufgabe: Rechteck im Trapez

Untersucht wird hier die Aufgabe „(6) Rechteck im Trapez" aus den „Bildungsstandards im Fach Mathematik für den Mittleren Schulabschluss"[1]. Die Aufgabenstellung lautet wie folgt:

(6) Rechteck im Trapez

Aufgabenstellung

Das nebenstehende Trapez ABCD ist in ein Koordinatensystem eingetragen mit A(0 ; 0), B(8 ; 0), C(8 ; 3) und D(0 ; 15).

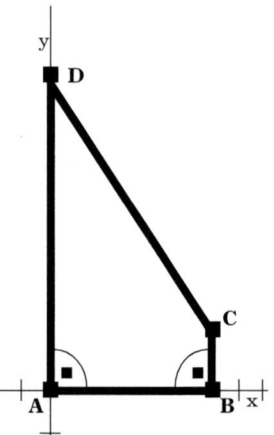

Jeder Punkt der Trapezseite $\overline{CD}$ ist Eckpunkt eines Rechtecks, das dem Trapez einbeschrieben ist. Die Seiten der einbeschriebenen Rechtecke sind parallel zu den Koordinatenachsen. Der Punkt A ist Eckpunkt eines jeden einbeschriebenen Rechtecks.

a) Berechnen Sie den Flächeninhalt des Trapezes ABCD.

b) Der Punkt P (2 ; y) liegt auf der Seite $\overline{CD}$ und ist somit Eckpunkt eines einbeschriebenen Rechtecks.

Tragen Sie das zugehörige Rechteck in die Figur ein und bestimmen Sie den Flächeninhalt.

c) Bewegt sich der Punkt P (y ; x) auf der Strecke $\overline{CD}$, so ändert sich der Flächeninhalt F des zugehörigen Rechtecks. Begründen Sie, dass sich der Flächeninhalt F mit der Gleichung F = x · (– 1,5 x + 15) berechnen lässt, wobei x die erste Koordinate des Punktes P ist.

d) Bestimmen Sie das einbeschriebene Rechteck, das den größten Flächeninhalt hat. Begründen Sie Ihre Vorgehensweise.

Abbildung 3.2.1

Diese Aufgabe vernetzt nach Ansicht der Autoren der Bildungsstandards „Inhalte aus dem Bereich der Funktionen und der Geometrie" und dient dem Nachweis von Kompetenzen, die die Schülerinnen und Schüler „im Rahmen der Leitideen Messen (L2), Raum und Form (L3) und Funktionaler Zusammenhang (L4) erworben haben"[2].

Als relevante allgemeine Kompetenzen werden mathematisches Argumentieren (K1), mathematisches Problemlösen (K2) und der Umgang

---

[1] Vgl. KMK 2004, S. 24f
[2] A.a.O., S. 24

mit symbolischen, formalen und technischen Elementen der Mathematik genannt (K5)[3].

Zur Lösung der Aufgabe und den jeweils angesprochenen Kompetenzen ist folgende Tabelle abgebildet:

Lösungsskizze mit der Angabe von Leitideen und allgemeinen mathematischen Kompetenzen sowie deren Zuordnung zu Anforderungsbereichen

	Lösungen und Hinweise	Leit-idee	Anforderungs-bereich		
			I	II	III
a)	Bestimmen des Flächeninhalts (verschiedene Lösungswege möglich)	L 2	K 5		
b)	Bestimmen des Flächeninhalts (verschiedene Lösungswege möglich)	L 3		K 5	
c)	Der Flächeninhalt F ergibt sich aus dem Produkt der Koordinaten des Punktes P. F = x · y. Die y-Koordinate von P wird berechnet mit y = (− 1,5x + 15).	L 4			K 1
d)	Bestimmung des Maximums von F(x): Mit Hilfe quadratischer Ergänzung oder Ermittlung der Nullstellen der Parabel möglich. Die Lage des gesuchten Rechtecks wird durch den Punkt R(5 ; 7,5) oder S (5 ; 0) beschrieben. (Neben den rechnerischen Verfahren gibt es noch geometrische Überlegungen zur Ermittlung des gesuchten Rechtecks.)	L 4			K 2

Abbildung 3.2.2

Auffallend ist hier zunächst, dass jeder der vier Teilaufgaben jeweils genau eine Leitidee und genau eine allgemeine mathematische Kompetenz zugeordnet ist. In Abschnitt 1.8 wurde bereits darauf hingewiesen, dass eine derartige eindeutige Zuordnung unter testpragmatischen Gesichtspunkten wünschenswert ist. Inhaltlich bahnen sich aber bereits hier erhebliche Inkonsistenzen an:

Während die Bestimmung des Flächeninhaltes des Trapezes in Aufgabenteil a) der Leitidee Messen zugeordnet ist, ist die Bestimmung des Flächeninhalts des Rechteckes in b) der Idee ‚Raum und Form' und in

---

[3] KMK 2004, S. 24

c) schließlich der Leitidee ‚Funktionaler Zusammenhang' zugeordnet. Die Zuordnung in Aufgabenteil a) kann als gerechtfertigt gelten, da eine ausgewiesene Teilkompetenz, die der Leitidee ‚Messen' zugeordnet ist, die Berechnung von „Flächeninhalt und Umfang von Rechteck, Dreieck und Kreis sowie daraus zusammengesetzten Figuren"[4] ist und das Trapez eine aus Rechteck und Dreieck zusammengesetzte Figur darstellt, deren Flächeninhalt zu berechnen ist.

Offenbar erfordern sowohl Aufgabenteil b) als auch c) die Berechnung von Flächeninhalten von Rechtecken, wären also ebenfalls der Leitidee L2 zugeordnet. Dass dies nicht geschieht legt nahe, dass die Autoren der Bildungsstandards die jeweils angesprochenen Leitideen (L3 bzw. L4) in den jeweiligen Teilaufgaben für bedeutender halten als L2.

In Aufgabenteil b) ist der Flächeninhalt desjenigen Rechtecks zu berechnen, für dass der Punkt P $(2; y)$ auf der Trapezseite $\overline{CD}$ einen Eckpunkt darstellt und dessen Seiten parallel zu den Koordinatenachsen verlaufen. Die Idee ‚Raum und Form' wird hier explizit als Darstellen „geometrischer Figuren im kartesischen Koordinatensystem"[5] angesprochen („Tragen Sie das zugehörige Rechteck in die Figur ein"[6]). Der zweite Teil der Aufgabenstellung „...und bestimmen Sie den Flächeninhalt"[7] müsste gemäß der zugeordneten Leitidee also die hier geringer zu gewichtende Anforderung darstellen.

Richtig ist, dass (wenn man Aufgabenteil c) zunächst außer Acht lässt) eine Berechnung des Flächeninhalts zweierlei voraussetzt: Die Bestimmung beider Seitenlängen des Rechtecks (hier also im Wesentlichen: die Bestimmung der y-Koordinate des Punktes P) und die Kenntnis der korrekten Berechnungsformel. Allerdings sind beide Aspekte aufs Engste miteinander verknüpft: Wer nicht weiß, dass er für die Berechnung einer Rechtecksfläche beide Seitenlängen benötigt (bzw. – wie häufig beobachtet – Flächeninhalts- und Umfangsformel verwechselt), kann trotz korrekt eingezeichnetem Rechteck und ablesbarer y-Koordinate von P die Aufgabe ebenso wenig lösen, wie derjenige, der die Flächeninhaltsformel kennt, aber am korrekten Einzeichnen des Rechtecks und am Ablesen der y-Koordinate des Punktes P scheitert. Hinzu kommt, dass man den Gedanken zulassen muss, dass es erlaubt ist, mit lediglich zeichnerisch bestimmten Werten zu arbeiten.

---

[4] KMK 2004, S. 25
[5] A.a.O., S. 24
[6] A.a.O.
[7] A.a.O.

Die Leitideen L2 und L3 wären in dieser Aufgabe also als vollkommen gleichwertig einzuschätzen und die Zuordnung zur Leitidee L3 damit als prinzipiell willkürlich. Dieser Eindruck verstärkt sich dadurch, dass in der Lösungsskizze die Lösung von Aufgabenteil b) schlicht als „Bestimmen des Flächeninhalts (verschiedene Lösungswege möglich)"[8] angegeben wird, was nicht nur identisch zur Lösungsskizze in Aufgabenteil a) ist, sondern auch klar macht, dass auch die Autoren der Bildungsstandards die wesentliche Aufgabe in der Bestimmung des Flächeninhaltes und nicht im Eintragen des Rechtecks in das Koordinatensystem sehen. Ihre eigene Leitideen-Zuordnung konterkarieren sie damit aber geradezu.

Betrachten wir Aufgabenteil b) hingegen in Verbindung mit Aufgabenteil c) so kommt eine weitere Option hinzu. Aufgabenteil c) enthält die nicht unwesentliche Information, „dass sich der Flächeninhalt F mit der Gleichung $F = x \cdot (-1{,}5x + 15)$ berechnen"[9] lässt. Denjenigen Schülerinnen und Schülern, die sich die Muße lassen, vor der Bearbeitung des Aufgabenteils b) die gesamte Aufgabe durchzulesen, eröffnet sich hier die bequeme Option, den zweiten Teil der Aufgabe b) schlicht durch Einsetzen der x-Koordinate des Punktes P in die Gleichung aus Aufgabenteil c) zu lösen. Eine derartige Lösung wird durch die Formulierung des Lösungsweges „Bestimmen des Flächeninhalts (verschiedene Lösungswege möglich)"[10] völlig gedeckt. Das Einsetzen von Werten in eine Gleichung müsste man in letzter Konsequenz der Leitidee Funktion zuordnen, die Zuordnung zum „Anforderungsbereich III: Zusammenhänge herstellen"[11] könnte man dann allerdings nur insofern zulassen, als die Schülerinnen und Schüler Zusammenhänge zwischen den Teilaufgaben genutzt hätten (was wohl nicht gemeint ist).

Aufgabenteil c) schließlich wird der Idee des funktionalen Zusammenhanges zugeordnet. Auch hier muss man kritisch nachhaken: Hätten die Autoren der Bildungsstandards die Gleichung nicht angegeben, so hätte die wesentliche Anforderung im Aufstellen einer Gleichung (bzw. Funktion) bestanden, die den Zusammenhang zwischen der x-Koordinate des (variabel gedachten) Punktes P auf $\overline{CD}$ und

---

[8] KMK 2004, S. 25

[9] A.a.O., S. 24

[10] A.a.O., S. 25

[11] A.a.O., S. 13. Dies ist der höchste Anforderungsbereich, welcher laut Standards „das Bearbeiten komplexer Gegebenheiten u. a. mit dem Ziel, zu eigenen Problemformulierungen, Lösungen, Begründungen, Folgerungen, Interpretationen oder Wertungen zu gelangen"(A.a.O.) umfassen soll. Davon könnte beim Einsetzen in eine Gleichung wohl noch nicht gesprochen werden.

dem Flächeninhalt des resultierenden Rechtecks beschreibt. Dazu wäre es analog zu Aufgabe b) nötig gewesen, die Flächeninhaltsformel für das Rechteck zu kennen. Zusätzlich hätte es aber nicht gereicht, die y-Koordinate des Punktes P abzulesen, vielmehr müsste man diese in Abhängigkeit der x-Koordinate tatsächlich funktional modellieren (bzw. erkennen, dass die Seite $\overline{CD}$ eine Teilstrecke der Geraden $y = -1,5x + 15$ ist und daher die y-Koordinate des Punktes P durch ebendiese Gleichung bestimmt werden kann). Diese Modellierungs-Anforderung wird den Schülerinnen und Schülern aber abgenommen.

Entscheidend für eine korrekte Lösung der Aufgabe ist ferner zu erkennen, dass die Koordinaten des Punktes P gerade die Seitenlängen des einbeschriebenen Rechtecks angeben und ihr Produkt aus diesem Grund auch den Flächeninhalt angibt. Diese Anforderung wäre aber eher der Leitidee L3 zuzuordnen. Aufschlussreich ist hier die Formulierung aus der Musterlösung: „Der Flächeninhalt F ergibt sich aus dem Produkt der Koordinaten des Punktes P."[12], die gerade diesen Zusammenhang zwischen Koordinaten und Seitenlängen gar nicht enthält. Dies wird besonders deutlich, wenn man sich folgende kontrastierenden Formulierungsmöglichkeiten vor Augen hält:

– Der Flächeninhalt ergibt sich aus den Koordinaten des Punktes P, da diese die Seitenlängen des einbeschriebenen Rechtecks angeben.

– Der Flächeninhalt eines Rechtecks ergibt sich allgemein aus dem Produkt seiner Seitenlängen, die hier mit den Koordinaten des Punktes P übereinstimmen.

– Die angegebene Gleichung F ist das Produkt der Koordinaten des Punktes P. Das ist scheinbar der Flächeinhalt des einbeschriebenen Rechtecks.

Alle drei Formulierungen decken die in der Musterlösung enthaltenen Anforderungen vollständig ab, die dritte Formulierung macht aber klar, was in der Musterlösung nicht gefordert wird: Eine Begründung der Gleichung. Es ist prinzipiell also denkbar, dass ein Schüler die Aufgabenteile b), c) und auch d) löst, ohne überhaupt zu wissen bzw. zu merken, dass der Flächeninhalt des Rechtecks sich aus dem Produkt der Seitenlängen ergibt, geschweige denn, warum das so ist. Insofern ist die ausschließliche Zuordnung von Aufgabenteil d) zur Idee des funktionalen Zusammenhangs völlig konsequent: Für die Lösung dieser Teilaufgabe gemäß des angegebenen Weges („Bestimmung des Maximums

---

[12] KMK 2004, S. 25

von $F(x)$: Mit Hilfe quadratischer Ergänzung oder Ermittlung der Nullstellen der Parabel"[13]) ist der geometrische Kontext letztlich irrelevant. Insofern ist die Einschätzung der Autoren, die Aufgabe vernetze Inhalte aus der Geometrie und dem Bereich Funktionen, nicht unproblematisch: Geometrische und funktionale Argumentation treten hier eher nebeneinander auf als tatsächlich inhaltlich vernetzt zu sein.

Insgesamt ist die Aufgabe in der vorliegenden Formulierung stark auf Berechnungsaspekte zugeschnitten, insofern scheint der Hinweis in der Musterlösung zu Aufgabenteil d): „Neben den rechnerischen Verfahren gibt es noch geometrische Überlegungen zur Ermittlung des gesuchten Rechtecks"[14] halbherzig. Aufgabe und Musterlösung enthalten eine Vielzahl expliziter und impliziter Hinweise, die eine rechnerische Bearbeitung nahe legen:

- Bereits die Tatsache, dass das umschreibende Trapez in ein Koordinatensystem eingezeichnet ist, legt die Vermutung nahe, dass etwas mit den Koordinaten zu rechnen sein wird.

- In Aufgabenteil c) wird eine passende algebraische Repräsentation des Flächeninhaltes explizit genannt, was nahe legt, dass zur Bestimmung des gesuchten maximalen Rechtecks in Aufgabenteil d) auf diese Formel zurückzugreifen ist.

- Im Kommentar zur Aufgabe wird vorgeschlagen, dass Aufgabenteil d) auch durch die Alternative „Bestimmen Sie ein einbeschriebenes Rechteck, dessen Flächeninhalt 31,5 Flächeneinheiten beträgt"[15] ersetzt werden könne. Diese Variation würde eine rein geometrische Lösung allerdings erheblich erschweren.

- Der Lösungsvorschlag zu Aufgabenteil d): Bestimmung des Maximums durch „Ermittlung der Nullstellen der Parabel"[16] verlässt die geometrische Ausgangssituation völlig: Die zweite Nullstelle gehört schließlich gar nicht zum sinnvollen Definitionsbereich der Flächeninhaltsfunktion.

- Zugelassene Hilfsmittel sind nicht Geodreieck, Lineal und Zirkel, sondern „Formelsammlung und Taschenrechner"[17].

---

[13] KMK 2004, S. 25
[14] A.a.O.
[15] A.a.O.
[16] A.a.O.
[17] A.a.O., S. 24

Insbesondere der letzte Punkt sowie die vorgeschlagene Aufgabenvariante machen klar, dass die Aufgabe in der vorliegenden Form im Kern eine Aufgabe zum Umgang mit quadratischen Gleichungen bzw. Funktionen darstellt, für welche die Geometrie lediglich einen einkleidenden Kontext bietet. Eine derartige Behandlung entspricht durchaus schulmathematischen Gewohnheiten, in ANDELFINGERs „Lerner-Landkarte" zur Geometrie würde sich diese Aufgabe eindeutig im Bereich „Formel-Geo" wiederfinden[18]. Die Anforderungen im Bereich ‚Raum und Form' und ‚Messen' sind klar nachgeordnet, Messen beschränkt sich in dieser Aufgabe darauf, die Flächeninhaltsformel korrekt anzuwenden, wobei diese in einer Formelsammlung nachgeschlagen wird und die funktionale Modellierung den Schülerinnen und Schülern bereits durch die Aufgabensteller abgenommen wurde.

Unter testpragmatischen Gesichtspunkten sind diese Einschränkungen der Aufgabe durchaus verständlich, wenn wir die Aufgabe allerdings als Beispiel für eine Akzentuierung auf grundlegende Ideen ernst nehmen, so wird hier erhebliches Potenzial verschenkt. Selbst in Bezug auf die Idee des funktionalen Zusammenhangs wäre Aufgabenteil d) als reine Routineaufgabe zu bezeichnen, bei der es mehr als fraglich erscheint, inwiefern die Aufgabe Anlass zu einer weitergehenden Reflexion über funktionale Zusammenhänge geben sollte.

In einem zweiten Analyseschritt sollen daher Lösungsalternativen für den Aufgabenteil d) entwickelt werden, der – soviel sei vorweggenommen – durchaus Potenzial für ein vertiefendes Nachdenken über grundlegende Ideen bietet.

Lösungsalternative A: Verwendung eines DGS

Die erste Lösungsalternative macht sich die Formulierung „Bewegt sich der Punkt $P(x\,;y)$ auf der Strecke $\overline{CD}$"[19] aus Aufgabenteil c) zu eigen: Eine dynamische Sichtweise des Problems lässt hier den Einsatz eines dynamischen Geometriesystems (DGS) überlegenswert erscheinen, wenn man sich über die Tatsache hinwegsetzt, dass dieses bei der Aufgabenlösung nicht als zugelassenes Hilfsmittel erwähnt wird[20].

---

[18] Vgl. Andelfinger 1988, S. 171ff

[19] KMK 2004, S. 24

[20] Anderenorts wird in den Standards sehr wohl auf den Einsatz geeigneter Software hingewiesen, vgl. a.a.O., S. 9.

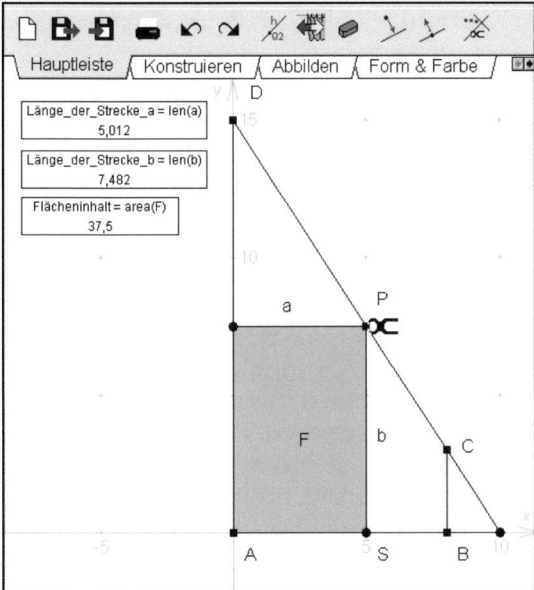

Abbildung 3.2.3

Jedes aktuelle DGS erlaubt neben der Konstruktion des Trapezes, eines beweglichen Punktes auf $\overline{CD}$ und des einbeschriebenen Rechtecks auch gewisse Messoperationen. So lassen sich ohne weiteres die Seitenlängen des Rechtecks sowie auch der Flächeninhalt direkt durch die Software messen (ohne dass man dafür die Flächeninhaltsformel kennen müsste).

Die Lösung von Aufgabenteil d) lässt sich nun durch Ziehen am Punkt P experimentell herausfinden. Dabei kann es aufgrund von Rundungsfehlern allerdings zu ungenauen Ergebnissen (z.B. 5,012 wie in *Abbildung 3.2.3*) kommen. In diesem Fall wären Schülerinnen und Schüler gut beraten, ergänzend die Formelsammlung zu konsultieren oder ein paar Überlegungen über sinnvolle Rundungsgenauigkeiten anzustellen.

Das Auffinden des Maximums erscheint in dieser experimentellen Lösung eher zufällig und unsystematisch, wenn nicht gar unmathematisch. Mit WITTENBERG können wir diesen methodischen Einwand insofern zurückweisen, als es seiner Ansicht nach gerade die „echte wissenschaftliche Einstellung" sei, „welche methodische Vorurteile verabscheut"[21]. Inhaltlich kann man zu Gunsten der Lösung wie folgt argu-

---

[21] Wittenberg 1990, S. 72

mentieren: Im Kern ist das Ziehen am Punkt P eine stetige Lageveränderung des Punktes auf der Seite $\overline{CD}$, alle Fälle werden im Prinzip durchlaufen und der maximale Flächeninhalt bei $P(5; 7, 5)$ aufgefunden. Dass die Software diese stetige Lageveränderung nur approximativ (diskret) realisiert, ist eine Spitzfindigkeit, die kaum ausreichen dürfte, ein tiefergehendes „subjektives Beweisbedürfnis"[22] zu provozieren.

Die Notwendigkeit, einen funktionalen Zusammenhang zwischen den Koordinaten des Punktes P und dem resultierenden Flächeninhalt aufzustellen, entfällt hier. Beim Ziehen an P ‚misst' die Software diesen Flächeninhalt mit. Folglich brauchen Schülerinnen und Schüler hier auch nichts zu berechnen. Gemessen wird hier sehr direkt. Allerdings ist die Frage nach dem Messverfahren ausgeblendet, der Messprozess vollständig an die Software ausgelagert. Ferner erhalten wir keinerlei Aufschluss darüber, was die Lage von P gegenüber den konkurrierenden Lagen auszeichnet (In der ersten Lösung war die x-Koordinaten von P zumindest die x-Koordinate des Scheitelpunkts der Parabel).

Wenn wir verstehen wollen, warum der maximale Flächeninhalt an der Stelle $x = 5$ auftritt, also nach geometrischen Argumenten für die Lage des Maximums suchen, so bietet es sich an, genauer über die relevanten grundlegenden Ideen nachzudenken. In beiden bisher betrachteten Lösungen blieb dabei die Idee des Messens sehr implizit: Im ersten Fall ist sie nur noch in Form des Einsetzens in eine Formel präsent, in der zweiten Lösung wird das Messen durch die Software übernommen. Was heißt es aber in der Geometrie zu messen, bzw. wie die Bildungsstandards formulieren „das Grundprinzip des Messens"[23] zu nutzen?

Zwischenreflexion: Messen in der Geometrie

An dieser Stelle ist es angebracht, sich von der Problemstellung zu lösen und über einige Prinzipien und Verfahren des Messens in der Geometrie zu reflektieren. Worin ist die Flächeninhaltsformel begründet?

Wenn man diese Frage fachsystematisch klären will, so findet man eine mögliche Antwort in der axiomatischen Grundlegung des Flächeninhalts als reeller Maßfunktion, die folgende Bedingungen erfüllen muss:

---

[22] Vgl. Winter 1983
[23] KMK 2004, S. 10

„**M1 Nichtnegativität:**
Für jedes Polygon A gilt $F(A) \geq 0$.

M2 Verträglichkeit mit der Kongruenz:
Für alle Polygone A, B gilt: Wenn A kongruent zu B ist, dann ist $F(A) = F(B)$.

M3 Additivität:
Für alle Polygone A, B gilt: enn A und B keine inneren Punkte gemeinsam haben (also höchstens Randpunkte), dann soll gelten: $F(A \cup B) = F(A) + F(B)$.

M4 Normierung:
Für das Einheitsquadrat E soll gelten: $F(E) = 1$."[24]

Eine entsprechende Axiomatik für den Rauminhalt würde man völlig analog formulieren. Das Axiom M4 weist uns auf ein wesentliches Grundprinzip des Messens im Allgemeinen hin: Die Festsetzung einer bestimmten Basisgröße oder Einheit. Sie erlaubt auch die Formulierung eines ersten, sehr elementaren Messverfahrens:

„Die einfachste Methode zur Bestimmung der Maßzahl einer Größe besteht darin, dass (normierte) Repräsentanten der Einheitsgröße so oft abgetragen werden, bis die zu messende Größe aufgefüllt ist:"[25]

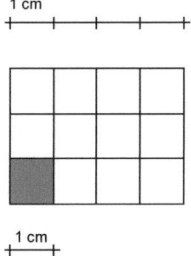 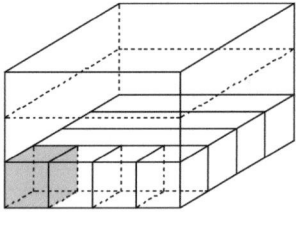

Abbildung 3.2.4

Dieses elementare Prinzip des Messens in der Geometrie – im Bereich der Flächeninhalte das Auslegen mit Einheitsquadraten – erklärt das Zustandekommen der Inhaltsformeln unmittelbar für ganzzahlige Seitenlängen. Es lässt sich ohne weiteres durch Verfeinerung zu Quadraten bzw. Würfeln der Seitenlänge 10^{-n} auf alle rationalen Seitenlängen

---

[24] Krauter 2005, S. 103
[25] Baireuther 1990, S. 85

137

ausweiten[26]. Das Prinzip macht bereits klar, was das Berechnen eines Flächeninhalts mit dem Messen zu tun hat: Die Flächenformel ist gewissermaßen ‚geronnene Messerfahrung', eine Abkürzung des Prozesses der Zuordnung der Maßzahl für den Flächeninhalt zur gegebenen Fläche. In der Abkürzung des Prozesses ‚gerinnt' insofern etwas, als wir gewohnt sind zu sagen: Der Flächeninhalt ist das Produkt der Seitenlängen. Im Grunde lautet unsere Flächeninhaltsformel aber zunächst[27]:

$$3 \cdot 4 \cdot \boxed{1cm^2}$$

und nicht

$$3\,cm \cdot 4\,cm.$$

Hier ist im Grunde ein weiterer Abstraktionsschritt nötig: Letztlich *definiert* man den Flächeninhalt jedes Rechtecks (d.h. eben auch des Quadrats der Seitenlänge 1 *cm*) als das Produkt seiner Seitenlängen und diese Definition ist verträglich mit der oben angegebenen maßtheoretischen Axiomatik.

In der Geometrie werden für den Prozess der Zuordnung einer Maßzahl zu einer Figur[28] noch weitere Verfahren eingesetzt. Ein guter Überblick findet sich ebenfalls bei BAIREUTHER:

> „Geometrisches Messen ist die Zuordnung einer Maßzahl zu einer Figur. [...] Für jeden Größenbereich wird eine Einheitsgröße (durch eine „Standardfigur") festgelegt. Die Zuordnung der Maßzahl zu einer (Eigenschaft einer) Figur kann nun auf verschiedene Weisen geschehen:
>
> – durch direkten Vergleich mit der Einheitsgröße („Füllen" mit der Standardfigur),
> – durch Umformen in bequemere Figuren, von denen man aber weiß, dass sie die gesuchte Größeneigenschaft ebenso besitzen,
> – durch Zerlegen in elementare Teile, bei denen das Messen einfach ist,
> – durch Anwenden von Berechnungsverfahren (Formeln)."[29]

Für Flächeninhalte bedeuten die ersten beiden Verfahren meist den Rückgriff auf Quadrate bzw. Einheitsquadrate (‚Quadraturen'). Bereits

---

[26] Für $n \to \infty$ schließlich auch auf alle reellen Zahlen, vgl. etwa Vollrath 1999, S. 194.
[27] für das Rechteck in *Abbildung 3.2.4*
[28] Genauer: Zu einer Eigenschaft einer Figur. Dem Rechteck lässt sich ja z.B. auch die Maßzahl seines Umfangs zuordnen.
[29] Baireuther 1990, S. 83f

beim zweiten Verfahren werden allerdings häufig auch Rechtecke und Dreiecke genutzt. Von hoher Bedeutung ist in der Geometrie ganz allgemein das dritte Verfahren, wobei die „elementaren Teile" hier in der Regel nicht Quadrate, sondern Dreiecke sind. Zur Definition des Flächeninhalts bzw. für die Begriffsbildung spielt das Quadrat die dominante Rolle. Für das praktische Arbeiten in der Geometrie ist aber das Dreieck die geeignete Basisfigur. Das liegt nicht zuletzt an der Bedeutung des Axioms M2: Da Flächeninhaltsgleichheit und Kongruenz verträglich miteinander sind, besteht eine bedeutende Strategie des Messens in der Zerlegung von Figuren in kongruente Teilfiguren. Geradlinige Polygone lassen sich in aller Regel allerdings deutlich einfacher in Dreiecke zerlegen als in Quadrate. Sind diese Dreiecke kongruent, so lassen sich Aufgaben zum Größenvergleich vielfach wieder durch einfaches Abzählen von Teildreiecken realisieren, ohne dass überhaupt zu Maßzahlen im engeren Sinne übergegangen werden müsste[30]. Solche Verfahren des Größenvergleichs (bei denen keine Maßzahlen bestimmt werden) waren für die griechische Inhaltslehre typisch, sie sind dem Messen gewissermaßen vorgelagert, da zwar der für geometrisches Messen typische Passvergleich durchgeführt wird, die zentrale Zielvorstellung der Zuordnung einer Maßzahl aber nicht eingelöst wird.

Wir erkennen hier deutlich, dass Messen in der Geometrie grundsätzlich sehr eng mit der Idee ‚Strukturieren in Ebene und Raum' verbunden ist, denn für das Auffinden kongruenter oder flächengleicher Teilfiguren bzw. den Nachweis der Kongruenz oder Flächengleichheit wird in der Regel lokales Satzwissen benötigt, und typische Subkonzepte des Strukturierens in Ebene und Raum (z.B. das Einzeichnen sinnvoller Hilfslinien) werden angesprochen.

Die bislang erwähnten Verfahren der Zuordnung einer Maßzahl zu einer Fläche leben im Wesentlichen direkt von den Axiomen M2, M3 und M4, d.h. sie basieren auf der Ergänzungs- und Zerlegungsgleichheit von Flächeninhalten. In der Geometrie kommen allerdings auch elaboriertere Messverfahren zum Einsatz, die noch deutlich stärker von der Idee des ‚Strukturierens in Ebene und Raum' durchdrungen sind. Während nämlich in den bislang genannten Verfahren die gewählten Vergleichsobjekte stets bezüglich derselben Eigenschaft der Figur (hier: dem Flä-

---

[30] Lange bevor in der Mathematik axiomatische, maßtheoretische Zugänge zum Flächeninhaltsbegriff gefunden wurden, war das Verständnis vom Flächeninhalt maßgeblich geprägt durch ebendiese Zerlegung in endlich viele kongruente Teilfiguren (Multikongruenz) und die Lehre vom Flächeninhalt war damit eine Lehre vom Flächenvergleich, vgl. Volkert 1999.

cheninhalt) verglichen wurden, gibt es in der Geometrie auch Verfahren, bei denen Aussagen über eine bestimmte Eigenschaft einer Figur durch Rückschlüsse über andere Eigenschaften oder aus der Kombination von Eigenschaften gewonnen werden. Wenn wir die Flächeninhaltsformel im Sinne von ‚Flächeninhalt ist das Produkt der Seitenlängen' lesen, ist diese Grenze bereits überschritten (da wir Seitenlängen und Flächen in Beziehung setzen), allerdings lässt sich dieser Zusammenhang wie gesehen durch unmittelbare Vergleichsverfahren zumindest im Ansatz noch begründen.

Anders sieht dies aus, wenn man sich etwa dem Sinus und Kosinus am rechtwinkligen Dreieck nähert. Hier werden Winkelgrößen und Seitenlängen von Dreiecken zueinander in Beziehung gesetzt. Man nutzt hier die Ähnlichkeitsbeziehung rechtwinkliger Dreiecke aus:

Die Formel „Sinus eines Winkels $\alpha = \dfrac{\text{Gegenkathete des Winkels}}{\text{Hypothenuse}}$ " kann man u.a. so interpretieren, dass in jedem Dreieck, in dem ein bestimmter Winkel α auftaucht, das Verhältnis von Gegenkathete dieses Winkels zu Hypothenuse des Winkels gleich groß sein muss, d.h. bei festem Winkel kann z.B. die Länge der Hypothenuse als Funktion der Länge der Ankathete gelten.

Sobald einem Sinus und Kosinus zur Verfügung stehen, erweitert sich das Repertoire ‚einfacher Figuren', in die man eine zu untersuchende Figur ‚zerlegen' kann. Der ‚Passvergleich' und das Verständnis von ‚Zerlegung' werden bei diesem Verfahren allerdings mittelbarer. Der Passvergleich ist etwa nicht mehr ausschließlich als ‚Zur Deckung bringen bezüglich der relevanten Eigenschaft' (z.B. Seitenlänge) interpretierbar, sondern erfordert elaboriertere Methoden des ‚Strukturierens in der Ebene und im Raum'[31], die indirekte Rückschlüsse auf die Eigenschaft der betrachteten Figur erlauben.

Ich werde im Folgenden bei den ersten Verfahren, die ausschließlich auf einem Passvergleich mit Basisobjekten beruhen, die hinsichtlich der untersuchten Eigenschaft ausgewählt werden, von *unmittelbaren Messverfahren* sprechen. Solche Verfahren, die verstärkt ein ‚Strukturieren in der Ebene und Raum' erfordern, werde ich als *mittelbare Messverfahren* bezeichnen. Mittelbare Verfahren zeichnen sich also dadurch aus, dass Vergleichsobjekte benutzt werden, die nicht ausschließlich auf der Basis der in Rede stehenden Eigenschaft ausgewählt werden. Es sind Ver-

---

[31] Die im gewählten Beispiel auch noch hochgradig mit der Idee der Invarianz verknüpft sind.

fahren, in denen kein einfacher Passvergleich durchgeführt wird, sondern auf die Beziehungen zwischen unterschiedlichen Eigenschaften einer Figur zurückgegriffen wird. Sowohl unmittelbare als auch mittelbare Verfahren gehören für mich zur ‚Idee des Messens', denn bei beiden Arten von Verfahren kommt sowohl die Zielvorstellung der Zuordnung einer Maßzahl zu einem Objekt als auch die Strategie des Zerlegens in geeignete ‚einfache' Teilfiguren zum Tragen. Die mittelbaren Verfahren sind aber elaborierter und hoch spezifisch für den Bereich der Geometrie, sie leben mindestens genauso stark von der ‚Idee des Strukturierens in Ebene und Raum'. Ich will am Beispiel der Trigonometrie noch einmal verdeutlichen, warum ich es *nicht* für sinnvoll halte, die mittelbaren Verfahren ausschließlich der Idee des ‚Strukturierens in Ebene und Raum' zuzuordnen: Trigonometrie ist ganz wesentlich die Erweiterung der ‚Messkunst' in der Geometrie durch die Ausnutzung von Ähnlichkeits- und Kongruenzbeziehungen. Ähnlichkeit und Kongruenz sind geometrische Phänomene, die Trigonometrie macht diese Eigenschaften ‚bezifferbar' und die historische Wurzel trigonometrischer Verfahren ist ganz klar die Vermessung der Erde und des Weltalls. Beim Übergang von den unmittelbaren Messverfahren zu den mittelbaren Verfahren geht die basale Vorstellung des ‚Zur Deckung Bringens bezüglich der relevanten Eigenschaft' verloren, die Zielvorstellung der Zuordnung einer Maßzahl und der stets indirekte Charakter des Vergleichs beim Messen bleiben aber erhalten, deshalb gehören diese Verfahren für mich genauso zur ‚Idee des Messens' im Bereich der Geometrie[32].

Formeln zur Berechnung von bestimmten Eigenschaften können sowohl aus unmittelbaren als auch aus mittelbaren Verfahren herrühren. So lässt sich die Formel ‚Grundseite mal Höhe durch Zwei' für das Dreieck relativ einfach auf die Formel des Rechtecks und damit auf das Auslegen mit dem Einheitsquadrat zurückführen.

Verwendet man den Satz von HERON:

$$F = \frac{\sqrt{(a+b+c)(a+b-c)(b+c-a)(c+a-b)}}{4},$$

so ist dies nicht so ohne Weiteres möglich. Um diesen Satz zu erhalten, sind ganz erhebliche Überlegungen zum ‚Strukturieren in der Ebene und im Raum' anzustellen.

---

[32] Nicht anders ist es bei der Idee der Zahl: Beim Übergang von den natürlichen zu den Bruchzahlen gehen einige, auch historisch aufs Engste mit den Zahlen verbundene Vorstellungen verloren und andere kommen hinzu, vgl. Abschnitt 3.1.

Die Bestimmung einer Maßzahl zu einer Fläche durch bloßes Anwenden einer Berechnungsformel ist (unabhängig von der für die Begründung der Formel nötigen Vorüberlegungen) allerdings das *mittelbarste* aller denkbaren Verfahren: Man notiert Formeln für ausgewählte, immer wieder auftretende Figuren nicht zuletzt deshalb, um sich eben gerade nicht in jedem einzelnen Fall noch einmal auf die Idee des Messens und ihre basalen Grundprinzipien besinnen zu müssen: Dort, wo ausschließlich berechnet wird, wird man kaum noch einmal über die zu Grunde liegenden Ideen reflektieren. Nachdenken darüber wird man allerdings sehr wohl beim Aufsuchen neuer Formeln sowie beim Verallgemeinern und Spezialisieren vorhandener Formeln.

Lösungsvariante B: Elementargeometrische Argumentation

Für diese Variante der Aufgabe nehmen wir den Charakter der Aufgabe als Extremwertaufgabe als Ausgangspunkt. Eine wichtige Strategie im Umgang mit solchen Aufgaben ist das Ausgehen von einer als optimal angenommenen Figur und der Vergleich dieser Figur mit allen zur Konkurrenz zugelassenen Figuren.

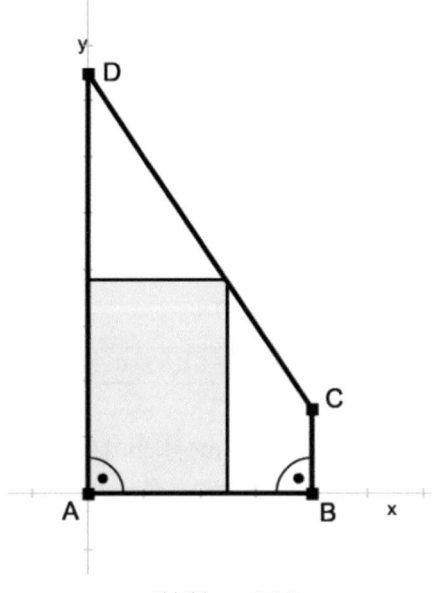

Abbildung 3.2.5

Wenn man die (nach der Musterlösung oder der Lösungsvariante A auf-
gefundene) Lage des optimalen Rechtecks in einer Skizze festhält, so erkennt man, dass das optimale Rechteck scheinbar ohne jede Symmetrie
innerhalb des umschreibenden Trapezes liegt. Dies ist zumindest für
den Kenner geometrischer Extremwertaufgaben erstaunlich, da optimale Figuren in der Geometrie in der Regel hohe Symmetrieeigenschaften
aufweisen. Für den Kenner stellt sich demnach die Frage, ob sich eventuell doch eine versteckte Symmetrie der Lagebeziehung von Rechteck
und Trapez auffinden lässt.

Hier ist POLYAs Empfehlung hilfreich, sich zu fragen: „Kennst Du eine verwandte Aufgabe?"[33]. Schaut man sich das gegebene Trapez noch
einmal an, so drängt sich der Verdacht auf, dass die umschreibende Figur eigentlich gar kein Trapez ist. Salopp könnte man formulieren: Es
ist ein Dreieck, bei dem jemand bei eine Ecke abgeschnitten hat.

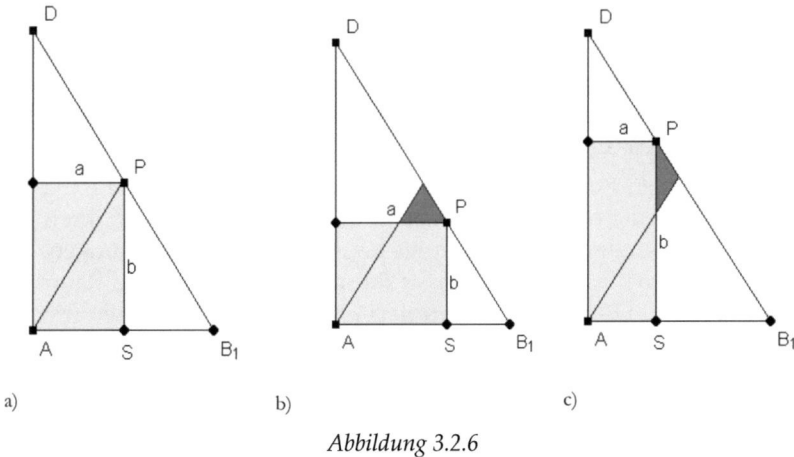

a)   b)   c)

Abbildung 3.2.6

‚Klebt' man diese Ecke wieder an (präziser: Verlängert man die Seite $\overline{CD}$
des Trapezes über C hinaus und die Seite $\overline{AB}$ über B hinaus, nennt den
Schnittpunkt der beiden Halbgeraden B_1 und betrachtet dann das Dreieck ADB_1), so ist der bereits bekannte Punkt P auf einmal Mittelpunkt
der ‚reparierten' Dreieckseite (der Seite $\overline{AB_1}$). Kennt man die optimale
Lage von P hingegen noch nicht, so wäre der Mittelpunkt dieser Seite
der symmetrischste Punkt, der sich bei diesem Problem anbietet (P und

---

[33] Die Frage und die Anweisung in diesem Abschnitt entstammen POLYAs Problemlö-
seplan, der direkt im Einbanddeckel abgedruckt ist (Vgl. Polya 1995).

seine Koordinaten bzw. Lotpunkte auf $\overline{AB_1}$ und $\overline{AD}$ wären jeweils die Mittelpunkte der entsprechenden Seiten). Aber warum ist er optimal? Hier nun hilft erneut POLYA, der uns auffordert: „Zeichne eine geeignete Hilfslinie¡'[34]. Die geeignete Hilfslinie ist die Strecke $\overline{AP}$. Sie zerlegt das Dreieck ADB_1 in vier Teildreiecke, die – falls P der Mittelpunkt von $\overline{DB_1}$ ist – zudem alle kongruent sind, womit sie sich ideal als Standardfigur für einen Flächenvergleich eignen.

Im vermeintlich optimalen Fall ist das einbeschriebe Rechteck genau halb so groß wie das Dreieck. Wie sieht es mit allen anderen Lagen von P aus? Um die Situation vollständig zu überblicken, reichen zwei Vergleichsfälle aus (Figuren b) und c) in *Abbildung 3.2.6*). Mit einigen einfachen Kongruenzüberlegungen ergibt sich: Egal wo der Punkt P auf $\overline{DB_1}$ liegt, das resultierende Rechteck wird stets um das dunkel hervorgehobene kleine Dreieck kleiner sein als die Hälfte des großen Dreiecks. Damit ist die Lage in Figur a) aber die optimale Lage, in allen anderen Fällen wird der Flächeninhalt des Rechtecks kleiner sein[35].

Damit ist aber auch unser Ausgangsproblem gelöst: Wir haben nur ein paar Fälle zuviel betrachtet, die bei Umwandlung des Trapezes in ein Dreieck hinzukommen, als Kandidaten für einen Extremwert aber ohnehin uninteressant sind[36].

Im Unterschied zur vorgegebenen Musterlösung kann diese Aufgabe allerdings elementargeometrisch nicht mit einem Routineverfahren gelöst werden, sondern erfordert einige heuristische Vorüberlegungen, die im Bereich des Messens und des Strukturierens in Ebene und Raum zu verorten sind. Diese Lösung erfordert eine Schulung in strukturierter Wahrnehmung, man muss geeignete Dreiecke in die Figur hineinsehen. Eine derartige Schulung gehört allerdings zu den klassischen Zielen des Geometrieunterrichts und wäre zudem gerade ein Beitrag zum ‚Strukturieren in der Ebene und im Raum'. Diese Lösungsvariante kann von allen dreien auch am ehesten für sich beanspruchen, das zu sein, was RADEMACHER/ TOEPLITZ als „echte Lösung" einer Maximumsaufgabe bezeichnen: „die Aufweisung einer Lösung und der Nachweis, dass

---

[34] Polya 1995, Einbandseite

[35] Symmetrisiert man noch weiter, betrachtet etwa ein gleichschenkliges, rechtwinkliges Dreieck, so ist das optimale Rechteck ein Quadrat (man hat es dann im Prinzip mit dem isoperimetrischen Problem für Rechtecke zu tun), zu finden etwa auf der CD-ROM zu Danckwerts/ Vogel 2001.

[36] Dieses Argument beruht auf einfachen Monotonieüberlegungen, nämlich dass der Flächeninhalt der einbeschriebenen Rechtecke umso kleiner wird, je näher der Punkt P sich an die Eckpunkte der Seite $\overline{DB_1}$ bewegt.

diese in der in Rede stehenden Eigenschaft (hier: im Flächeninhalt) alle Vergleichsfiguren übertrifft"[37].

Vergleich der Lösungsansätze

Gemäß der eingangs formulierten zweiten Leitfrage scheint es angebracht, den Vergleich der drei Lösungsvarianten im Wesentlichen an den jeweils angesprochenen grundlegenden Ideen (bzw. den ihnen zuzuordnenden Subkonzepten) festzumachen. Die drei Lösungsansätze unterscheiden sich dabei

- in der Art der *Repräsentation* der Problemstellung,
- in dem in der Lösung zum Tragen kommenden Verständnis von *Messen* und in den eingesetzten Messverfahren und – prinzipien,
- in dem für die Lösung angemessenen Variablenverständnis (als zentrales Subkonzept der Idee des *funktionalen Argumentierens*),
- in der Rolle des *Strukturierens in Ebene und Raum*, hier in enger Beziehung zur grundlegenden Idee der Symmetrie und schließlich
- in der Art, in der Nachweis und Begründung der *Optimalität* erfolgen.

Zur Frage der Repräsentation ist zu sagen, dass die Musterlösung in den Bildungsstandards für den Aufgabenteil d) nahezu ausschließlich auf der Repräsentation des Flächeninhaltes durch die (in Aufgabenteil c) bereits vorgegebene) Flächeninhaltsformel beruht, die im Wesentlichen mit Standardverfahren zu bearbeiten ist (Nullstellenberechnung oder Scheitelpunktsform). Die geometrische Darstellung hat hier allenfalls den Charakter einer Veranschaulichung der Situation.

Lösungsvariante A beruht auf der geometrischen Repräsentation in einem dynamischen Geometriesystem. Die Lösung des Problems erfolgt auf dem Wege einer empirisch-numerischen (diskreten) Approximation, welche die Software intern bereit stellt. Mathematisch gerechtfertigt werden kann dieses Verfahren durch ergänzende Stetigkeitsüberlegungen.

Lösungsvariante B schließlich arbeitet mit der geometrischen Repräsentation selbst. Die Zeichnung fungiert hier im Prinzip allerdings (anders als bei Lösungsvariante A) nicht als Konstruktion, in der empirisch gemessen wird, sondern hat den Status einer Skizze, die die Basis für

---

[37] Rademacher/ Toeplitz 1968, S. 11

strenge geometrische Argumentationen (Kongruenzbetrachtungen, Flächenvergleiche) bildet. Hier wird also mit einer ideellen Repräsentation gearbeitet[38].

In der Lösung aus den Bildungsstandards ist die Idee des Messens nur noch vermittelt präsent, die Anwendung der Flächenformel des Rechtecks ist ein stark elaboriertes Messverfahren, in dem die Grundprinzipien des Messens nur noch implizit zum Ausdruck kommen und das man typischerweise gerade deswegen einführt, damit man im Einzelfall nicht noch einmal über das Messen an sich nachdenken muss. Dieses Nicht-Nachdenken-Müssen trägt auch Lösungsvariante B: In der Lösung mit DGS ist das Messen vollständig an die Software ausgelagert. Das Verfahren, welches die Software einsetzt, um Messergebnisse zu erzeugen, ist für die Benutzerinnen und Benutzer nicht transparent und ließe sich im Unterschied zu ersten Variante auch nicht ohne weiteres transparent machen. Die dritte Lösung erfordert die Rückbesinnung auf ein für unmittelbare Messverfahren ganz zentrales Grundprinzip: den Flächenvergleich von (geeigneten) Basisfiguren (Dreiecken). Allerdings wird hier gar nicht gemessen im Sinne der Zuordnung von Maßzahlen zu den auftretenden Flächen. Beim hier verwendeten Flächenvergleich findet der für das Messen zentrale Übergang zu Maßzahlen gerade nicht statt, wir bleiben also gewissermaßen auf einer Vorstufe zum Messen. Dass das funktioniert, liegt daran, dass für die Lösung der Aufgabe gar nicht der konkrete Flächeninhalt relevant ist, sondern nur seine Eigenschaft, maximal zu sein. Der Bezug zum ‚Messen' ist also vergleichsweise implizit. Allenfalls lässt sich das eingesetzte Verfahren als ‚Quasi-Messverfahren' klassifizieren, insofern es uns eine Zahl für das Verhältnis zwischen optimalem Rechteck und umschreibenden Dreieck liefert (1 : 2), die gleichzeitig den Grenzwert der jeweiligen Verhältnisse aller möglichen Rechtecksflächen zur Dreiecksfläche darstellt und daher optimal ist.

In den ersten beiden Lösungen kommt der „Bereichsaspekt" von Variablen nach MALLE zum Tragen[39]. In der Musterlösung aus den Bildungsstandards führt die Modellierung des Flächeninhalts als Funktion der x-Koordinate dazu, dass in dieser Funktion $F(x)$ alle möglichen Flächeninhalte simultan repräsentiert sind. Zu diesem Modell passt auch die Formulierung: „Jeder Punkt der Trapezseite $\overline{CD}$ ist Eckpunkt eines Rechtecks"[40]. Durch die Vorgabe des Funktionsterms in Aufgabenteil c)

---

[38] Vgl. Bender/ Schreiber 1985, S. 349
[39] Vgl. Malle 1993, S. 80
[40] KMK 2004, S. 24

sind die Modellierungsanforderungen sehr gering gehalten.
In Lösungsvariante A wird der Flächeninhalt nicht als Funktion der x-Koordinate modelliert, sondern die Veränderung des Flächeninhalts F bei Lageveränderung von P beobachtet. Diese Modellierung entspricht dem „veränderlichen Bereichsaspekt" nach MALLE[41]. Diese Sichtweise wird durch die Aufgabenformulierung „Bewegt sich der Punkt P $(x; y)$ auf der Strecke $\overline{CD}$, [...]"[42] unterstützt. Die in der Software implementierten Messverfahren nehmen in diesem Fall den Schülerinnen und Schülern die Notwendigkeit einer funktionalen Modellierung ab, es ist nicht nötig, eine Gleichung aufzustellen, welche die Koordinaten des Punktes P mit dem Flächeninhalt des Rechtecks in Verbindung bringt.

In der Lösungsvariante B ist P ebenfalls potenziell variabel, allerdings reicht die Betrachtung von drei Einzelfällen, um die Gesamtsituation zu überblicken. Hier wird demnach eher der „Einzelzahlaspekt" betont[43]. Im Vergleich zu den beiden erstgenannten Lösungsansätzen wird diese Variante durch den Aufgabentext weniger stark nahe gelegt. Eine Verstärkung erfährt sie allenfalls durch den Aufgabenteil b), wo ein konkretes Rechteck bestimmt werden soll.

Anforderungen im Bereich des Strukturierens in Ebene und Raum sind in der Musterlösung der Bildungsstandards im Aufgabenteil d) faktisch kaum vorhanden. Selbst wer keine Vorstellung von der Lage des Rechtecks im Trapez hat, kann die Extremstelle korrekt bestimmen. Er scheitert lediglich am Einzeichnen des zugehörigen Rechtecks. Für die Lösung mit dynamischer Geometriesoftware besteht die Anforderung in diesem Bereich in der korrekten Umsetzung der in der Aufgabenstellung enthaltenen Lagebeschreibung des Punktes P als variablem Punkt auf der Trapezseite $\overline{CD}$ und der korrekten Konstruktion desjenigen Rechtecks, dessen Seiten „parallel zu den Koordinatenachsen"[44] verlaufen. In dieser Lösung ist die Idee der Symmetrie irrelevant, in der Musterlösung hingegen spielen Symmetrieüberlegungen nur dann eine Rolle, wenn das Optimum als Mittelpunkt zwischen den beiden Nullstellen bestimmt wird, wobei in diesem Fall der Definitionsbereich der Flächeninhaltsfunktion im Prinzip unzulässig erweitert werden muss. Für die elementargeometrische Lösungsvariante ist die Wiederherstellung der durch den Aufgabentext verschleierten Symmetrieeigenschaft

---

[41] Vgl. Malle 1993, S. 80
[42] KMK 2004, S. 24
[43] Eine beliebige Lage von P wird ausgewählt und festgehalten, um mit ihr eine bestimmte Argumentation durchzuführen, vgl. Malle 1993, S. 81.
[44] KMK 2004, S. 24

des optimalen Rechtecks entscheidend. Ferner bestehen Anforderungen im Bereich des Strukturierens in Ebene und Raum im Auffinden einer geeigneten Hilfslinie und Kongruenzbetrachtungen bezüglich der resultierenden Teildreiecke.

Nachweis und Begründung der Optimalität erfolgen in der Musterlösung durch den Rückgriff auf lokales Wissen zu quadratischen Funktionen (Scheitelpunktskalkül, symmetrische Lage des Maximums zu den Nullstellen). In der ersten Lösungsvariante wird quasi-experimentell vorgegangen. Dahinter liegt die Idee einer stetigen Lageveränderung von P, die zum Auffinden des Maximums führen muss. Hier werden prinzipiell alle möglichen Lagen von P miteinander verglichen. Das passiert auch in Lösungsvariante B, allerdings braucht man hier nur endlich viele (drei) Fälle zu vergleichen, um alle Fälle in den Blick zu nehmen. In dieser Lösung tritt zudem der für geometrische Extremwertaufgaben fundamentale Zusammenhang zwischen Symmetrie und Optimalität sehr deutlich hervor (Optimale Figuren weisen vielfach eine Symmetrie bezüglich einer bestimmten Eigenschaft der Figur auf bzw. symmetrische Figuren zeichnen sich durch die Optimalität bestimmter Eigenschaften der Figur aus).

Rückblickend können wir bezüglich der eingangs formulierten Leitfragen festhalten: Bereits eine Analyse der Musterlösung weist auf nicht unerhebliche Inkonsistenzen bezüglich der zugeordneten Leitideen hin, insbesondere kann im eigentlichen Sinne nicht von einer Vernetzung der Bereiche ‚Geometrie‘ und ‚funktionaler Zusammenhang‘ gesprochen werden. Im Lichte der Lösungsvarianten zeigt sich zudem, dass je nach gewähltem Lösungsweg andere grundlegende Ideen die in der Musterlösung fokussierte ‚Idee des funktionalen Zusammenhangs‘ als erkenntnisleitende Ideen ablösen.

Kritisch ist die in der Musterlösung gewählte Schwerpunktsetzung vor allem deshalb, da sie die Problemstellung in Aufgabenteil d) de facto auf eine geometrisch eingekleidete Scheitelpunktsbestimmung bei einer quadratischen Funktion reduziert. Während diese Lösung also im Wesentlichen auf die Anwendung eines Routineverfahrens hinausläuft, werden in Lösungsvariante B heuristische Subkonzepte angesprochen, die in der Tat Vorstellungen zu verschiedenen grundlegenden Ideen in enge Beziehung zueinander setzen.

Will man diese Aufgabe also als Umsetzung einer ‚Orientierung an grundlegenden Ideen‘ verstehen bzw. in ihr den Anknüpfungspunkt für ein unterrichtliches Nachdenken über grundlegende Ideen sehen, offenbart Lösungsvariante B ein deutlich höheres Potenzial als die Musterlösung. Problematisch ist dies insofern, als ausgerechnet diese Lösungsvariante durch den vorliegenden Aufgabentext am wenigsten nahe gelegt wird. Die enge Fixierung der Aufgabenstellung auf eine algebraische Lösung erscheint dabei von der Sache her kaum gerechtfertigt, sie kann im Grunde genommen nur durch testpragmatische Erwägungen (möglichst klare Zuordnung erforderlicher inhaltsbezogener Kompetenzen) gerechtfertigt werden.

In diesem Beispiel kann man die kritische Einschätzung zur Vermengung von Neuer Unterrichtskultur und Testkultur aus Abschnitt 1.8 als in vollem Umfang bestätigt sehen. Eine intellektuell reichhaltige Auseinandersetzung mit der Problemstellung erfordert hier in der Tat das „Hinterfragen, Erweitern, Vertiefen, Verändern"[45] des durch die Aufgabenstellung abgesteckten engen Bearbeitungsrahmens. Dem soll abschließend durch einen entsprechenden Vorschlag zur Öffnung der Aufgabenstellung Rechnung getragen werden.

Ein Vorschlag zur Öffnung

Ziel der Öffnung der Aufgabenstellung muss es gemäß den vorangegangenen Überlegungen sein, elementare Bearbeitungsweisen gegenüber einer rechnerisch-kalkülhaften Lösung zu bestärken. Das heißt insbesondere, dass elementargeometrische Lösungsansätze stärker nahe gelegt werden sollen. Um eine geometrische Bearbeitung der Aufgabe zu verstärken scheint es angebracht, von der Verkomplizierung durch die Betrachtung eines umschreibenden Trapezes anstelle des im Grunde gleichwertigen Dreiecks Abstand zu nehmen. Zusätzlich bestärkt werden kann die geometrische Bearbeitung durch den Verzicht auf die Koordinatisierung. Eine dem entsprechende Aufgabenvariante könnte etwa lauten:

> Aus einem rechtwinkligen Dreieck, dessen Katheten 15 cm und 10 cm lang sind, soll durch zwei gerade Schnitte ein möglichst großes Rechteck hergestellt werden. Wie muss man abschneiden?
>
> Tipp: Schneide nicht sofort etwas ab, sondern falte zunächst entlang der Schnittkanten. Vergleiche unterschiedliche Faltungsmöglichkeiten.

Die so gestellte Aufgabe legt zunächst eine enaktive Bearbeitung nahe: Man kann das Dreieck aus Papier oder Karton ausschneiden und

---

[45] Meyerhöfer 2006, S. 39

dann ‚händisch' verschiedene Faltungen ausprobieren. Die Lagebe-schreibung des einbeschriebenen Rechtecks vereinfacht sich hier gegen-über der ursprünglichen Aufgabenstellung erheblich, da einem prak-tisch nichts anderes übrig bleibt, als durch einen Punkt auf der Hypo-tenuse und parallel zu den Katheten des Dreiecks zu falten bzw. abzu-schneiden.

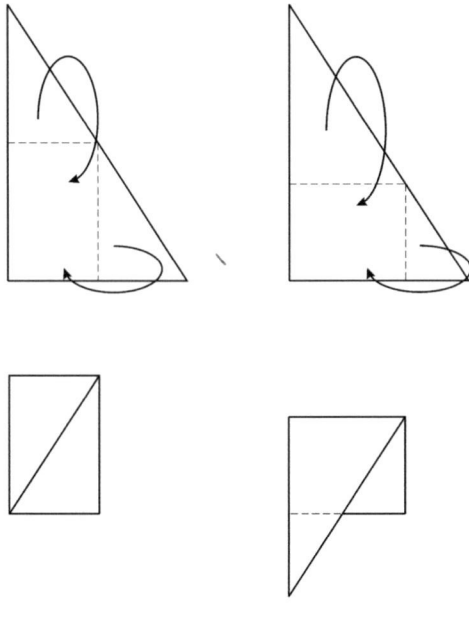

Abbildung 3.2.7

Dabei weist die symmetrische Position in diesem Fall eine hohe sug-gestive Wirkung auf und die Überlegungen zur Optimalität dieser Lage fallen sogar noch etwas einfacher aus als in Lösungsvariante B. Offenbar ist im linken Fall in *Abbildung 3.2.7* die Fläche der abgeschnittenen bzw. umgeklappten Dreiecke zusammen gerade so groß wie das entstande-ne Rechteck. Im rechten Fall ist hingegen die Fläche der abgeschnittenen bzw. umgeklappten Dreiecke größer als die des entstandenen Rechtecks (ein kleines Dreieck steht über). Damit ist das Problem aber bereits ge-löst: Schneidet man genau durch die Mittelpunkte der Katheten, so ist das resultierende Rechteck genau halb so groß wie das ursprüngliche Dreieck. In allen anderen Fällen schneidet man mehr ab, die Fläche des Rechtecks ist stets um das überhängende Dreieck kleiner als die um-geklappten Dreiecke und damit auch kleiner als im ersten Fall. Einfacher als Variante B ist diese Lösung vor allem, da man keine geeignete Hilfslinie bzw. zu untersuchende Teilfiguren auffinden muss. Sie werden durch die Faltung selbst erzeugt. Als ‚Quasi-Messverfahren' wird wiederum der Flächenvergleich mithilfe von Dreiecken als Basisfiguren benötigt. Dieser enaktive Zugang zur Problemstellung erlaubt es, dieses Verfahren in der sehr elementaren Form des Passvergleichs umzusetzen und im optimalen Fall die Kongruenz im wahrsten Sinne des Wortes als Deckungsgleichheit zu erfahren.

Die Aufgabenstellung ließe sich im Anschluss an die Lösung des einfachen Dreiecksfalls in Richtung der ursprünglichen Aufgabenstellung erweitern, etwa durch die Zusatzfrage:

> Timo hat an der kürzeren Kathete bereits bei 8 Zentimetern ein kleines Dreieck abgeschnitten. Wenn Du nochmals zweimal gerade abschneiden darfst: Was ist dann das größtmögliche Rechteck?

Intuitiv ist hier nahezu selbstverständlich, dass sich an der Lage des optimalen Rechtecks nichts geändert haben sollte. Allein durch Falten ist dieses Ergebnis allerdings nicht so leicht nachzuweisen wie im ersten Fall. Hier könnte sich die Suche nach alternativen Lösungswegen (zeichnerisch, rechnerisch) und eine Diskussion über Vor- und Nachteile der unterschiedlichen Wege anschließen. Eine solche Diskussion bietet im Grunde erst den Ansatzpunkt, um auch die den unterschiedlichen Wegen zu Grunde liegenden Strategien und Zielvorstellungen zu reflektieren und damit schließlich auch eine Thematisierung der relevanten grundlegenden Ideen in den Blick zu nehmen.

Eine rechnerische Bearbeitung könnte man zusätzlich bestärken, in dem man als weitere Aufgabe die bereits in den Standards für Aufgabenteil d) angedachte Aufgabenvariation als weitere Zusatzaufgabe stellt, etwa:

> Wie muss man abschneiden, damit das entstehende Rechteck einen bestimmten Flächeninhalt, sagen wir genau 31,5 cm², hat?

Entscheidend für die Ausschöpfung des Potenzials der Problemstellung wird letztlich die Art der Behandlung der Aufgabe im Unterricht sein, d.h. die Frage, inwiefern einer Diskussion über unterschiedliche Zugänge im Unterricht Raum gegeben wird und es gelingt, diese als Ausgangspunkt für ein Nachdenken über grundlegende Ideen auszugestalten. Hier scheint mir die vorgeschlagene Variante zumindest präskriptiv erfolgversprechender als die ursprüngliche Formulierung.

151

3.3 Perspektive III: Empirische Lösungsweganalyse

Die Aufgabe „Am Strand" (Bildungsstandards Österreich)

Mit diesem letzten Beispiel soll die in Abschnitt 2.1 angeregte stärkere Verzahnung von qualitativ empirischem und sachanalytischem Vorgehen umgesetzt werden. Während die Analysen in Abschnitt 3.1 und 3.2 die Frage der relevanten lokalen Subkonzepte präskriptiv zu klären gesucht haben (einmal stärker von den grundlegenden Ideen ausgehend, einmal stärker von der Problemstellung ausgehend), wird in diesem Abschnitt auf dokumentierte tatsächliche Lösungsansätze zu einer vorgegebenen Aufgabe zurückgegriffen, die auf die in ihnen angesprochenen Subkonzepte hin untersucht werden.

Die Analyse basiert auf der Untersuchung einer Gruppe von 28 Lehramtsstudierenden für die Primar- und Sekundarstufe. Die Studierenden besuchten im Wintersemester 2005/2006 mein Seminar ‚Problemlösen & Heuristik'. Analysiert wird eine der auf elektronischem Weg (per Email) abgegebenen Hausaufgabe zu dieser Veranstaltung. Grundlegende Ideen waren dabei nicht Thema des Seminars. Der ursprüngliche Zweck der Hausaufgabe war es, einige Beispiele aus PISA, den deutschen und den österreichischen Bildungsstandards für die 8./9. Klasse anhand POLYA's Plan zum Lösen mathematischer Aufgaben zu bearbeiten, um diesen Plan praktisch zu erproben und eine eigene Einschätzung der Nützlichkeit dieses Planes zu bekommen.

Die in diesem Abschnitt analysierte Beispielaufgabe entstammt den Österreichischen Bildungsstandards für die achte Schulstufe und lautet:

> „Chris und Angela liegen am Strand. Chris hat 30 m bis zur Eisbar. Angela 40 m.
> Wie weit sind die beiden voneinander entfernt? Überlegt in einer Gruppe (3-4 Schüler/innen) unterschiedliche Lagepositionen und stellt sie auf einem Plakat dar!
> Welche Positionen ermöglichen eine einfache rechnerische Lösung?"[1]

Die Studierenden wurden ausdrücklich darauf hingewiesen, die Aufgabe auf der Basis zu erwartender typischer Kenntnisse von 8./9.-Klässlern zu lösen.

---

[1] BMBWK 2004, S. 105

Das Material wird im Folgenden in einem dreistufigen Prozess ausgewertet:
- Zunächst werden einige idealtypische Lösungsansätze vorgestellt. Die 28 Lösungen werden dazu im Wesentlichen in vier Kategorien eingeteilt.

- Daran anschließend werden Verbindungen und Einflüsse grundlegender Ideen in den idealtypischen Lösungsansätzen (wiederum vor allem auf der Basis lokal bedeutsamer Subkonzepte) untersucht.

- Schließlich erfolgt in einem dritten Schritt eine sachanalytische Ausweitung: Unabhängig von den konkreten Lösungsansätzen wird die zu Grunde liegende stoffliche Struktur und die Verflechtung der Aufgabenstellung mit grundlegenden Ideen weitergehend exploriert. Dieser Schritt dient dem Zweck, konstruktive Vorschläge für einen produktiven Unterrichtseinsatz der Aufgabenstellung zu formulieren.

Für den zweiten Schritt dient die in Abschnitt 2.2 getroffene Auswahl grundlegender Ideen dabei als Suchraum potentiell bedeutsamer grundlegender Ideen. Im Unterschied zu den vorangegangenen Analysen wird bei diesem Beispiel allerdings keine Zuordnung grundlegender Ideen aus rein stofflichen Erwägungen vorgenommen. Die Ideen gelten also zunächst als potenziell bedeutsame, ihre tatsächliche Bedeutung wird sich erst im Rahmen der empirischen Auswertung ergeben.

Idealtypische Lösungsansätze

Für die Unterteilung der Lösungswege in idealtypische Ansätze spielt die Frage der gewählten *Repräsentation* eine entscheidende Rolle[2]. Die begangenen Lösungswege lassen sich mit Blick auf die gewählte Repräsentation dabei in drei Hauptwege (Pythagoras, erweitertes Dreiecksmodell, Kreismodell) unterteilen, wobei Mischformen vorkommen. Auch dort wo eine Zeichnung fehlt, wird das Anfertigen einer Zeichnung zumindest hypothetisch erwähnt und teilweise ist eine Zuordnung zu Kreis-/ oder Dreiecksmodell möglich[3].

---

[2] Vgl. Tabelle im Anhang, S. A 21 (Anhang online verfügbar unter http://dokumentix.ub.uni-siegen.de/opus/)

[3] Die Lösungen L3, L12, L21 erwähnen ausdrücklich eine der beiden Darstellungsoptionen (Kreise/ Dreieck), L24 spricht nur generell von einer „Planfigur", ohne dass klar würde, wie diese denn auszusehen hätte. In L17 und L27 ist gar nicht von einer Zeichnung die Rede.

A) Rechnerische Lösung mittels Satz von Pythagoras

Bei diesem Ansatz erkennen die Studierenden in der Regel bereits im Schritt ‚Verstehen der Aufgabe' die vermeintliche Unterbestimmtheit der Aufgabe. Sie stellen fest, dass man „für die Berechnung eines Dreiecks [...] drei Angaben (SWS,WWS, etc.)"[4] benötigt. „In der Aufgabenstellung werden nur zwei Angaben gemacht.". Im Schritt ‚Ausdenken eines Plans' schlagen die Studierenden daher vor, die Aufgabe so zu ändern, „dass das Dreieck in der Ecke, wo sich die Eisbar befindet einen rechten Winkel hat"[5]. Die ‚Durchführung des Plans' kann dann schlicht und ergreifend auf die „richtige Anwendung des Satzes des Pythagoras"[6] reduziert werden.

In den vier Lösungen, die diesen Weg angeben, fehlen erstaunlicherweise sogar Überlegungen zum an sich naheliegenden Fall, dass sich Chris und Angela auf einer Geraden befinden. Wie selbstverständlich nehmen die Studierenden an, dass die einzige einfache Lösung, die eine Berechnung erlaubt, auf den Satz von Pythagoras führen muss[7].

B) Erweitertes Dreiecksmodell: Zwei gerade Linien und zwei Dreiecke

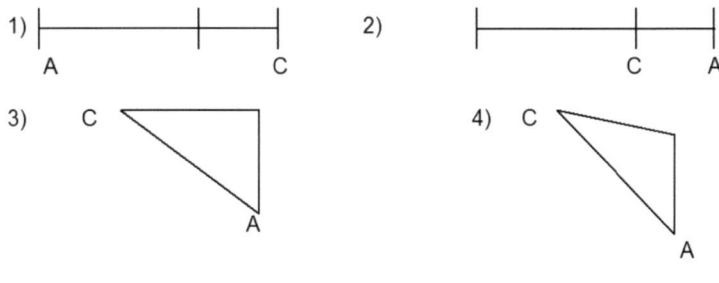

Abbildung 3.3.1

Bei diesem Ansatz[8] folgen die Studierenden im Schritt ‚Verstehen der Aufgabe' POLYAs Empfehlung, eine Skizze der Situation anzufertigen[9].

---

[4] L3, Anhang, S. A5

[5] A.a.O.

[6] A.a.O.

[7] Besonders deutlich bei L20, vgl. den Abschnitt ‚Ausdenken eines Plans', Anhang, S. A36

[8] Mit 19 Fällen als alleinigem oder unterstützendem Ansatz der mit Abstand am häufigsten gewählte.

[9] Eine Kopie des Problemlöseplans von Polya lag der Aufgabenstellung bei, sowie ein

Bereits früh erkennen sie, dass „die Bedingung [...] verschiedene Optionen offen" lässt, „um die Entfernung zwischen C. und A. zu ermitteln"[10]. Eine Studentin fügt hinzu, dass es sinnvoll sei „die verschiedenen Lagebeziehungen durch eine Skizze zu veranschaulichen", weil sich „dadurch [...] verschiedene Rechenmethoden ableiten" lassen „die sich in ihrer Komplexität eventuell unterscheiden werden"[11].

Die Studentin (und im Prinzip alle Studierenden, die diesen Ansatz gewählt haben) kommt schließlich zu dem Ergebnis: „die Lösungen 1) und 2) erweisen sich als rechnerisch einfach; die Lösung 3) erfordert Vorkenntnisse (Satz des Pythagoras); Lösung 4) muss unter Voraussetzung der gegebenen Bedingungen als nicht lösbar erkannt werden"[12]. Bei einigen Lösungen fehlt der vierte (allgemeine) Fall, andererseits gibt es auch zwei Studierende, denen auffällt, dass der rechte Winkel auch an einer anderen Ecke des Dreiecks (bei Chris) liegen könnte, was eine ebenso einfache Berechnung über den Satz von Pythagoras erlauben würde.

C) Kreismodell: Zwei Kreise und Extremwert-Abschätzung

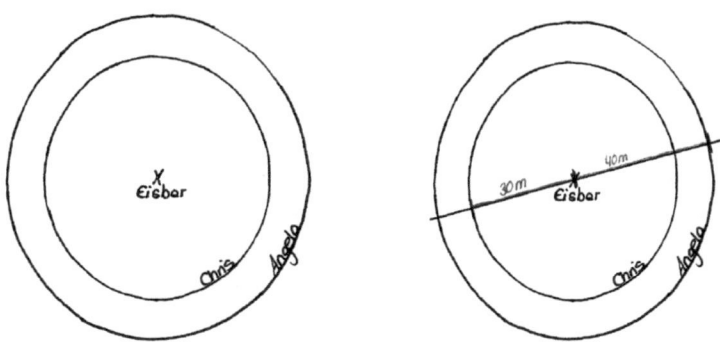

Abbildung 3.3.2

Diese Lösung tritt nur in zwei Fällen als alleiniger Ansatz auf, in vier weiteren Fällen ergänzt sie einen der beiden vorher genannten Ansätze. Dieser Lösungsweg eröffnet eine eigene Perspektive auf das Ausgangsproblem. Im Schritt *Verstehen der Aufgabe* formulieren die Studieren-

---

Raster, in das die Lösung eingetragen werden sollte, daher rührt auch die sehr ähnliche Formatierung aller Lösungen im Anhang

[10] L5, Anhang, S. A9

[11] A.a.O.

[12] A.a.O.

den das Kernproblem der Aufgabe als Frage: „Liegen die beiden möglichst dicht beieinander oder möglichst weit voneinander entfernt¿"[13]. Die Zeichnungen in Abbildung 3.3.2 nutzen die charakteristische Eigenschaft des Kreises (Ortslinie der von einem festen Punkt gleich weit entfernten Punkte), um sowohl die beiden einfachen Fälle des vorigen Ansatzes aufzufinden als auch ihre Kernfrage zu beantworten: „Die beiden einfachen Lösungen sind die kleinstmögliche Entfernung von Chris und Angela bzw. die größtmögliche Entfernung von Chris und Angela. Es existieren noch beliebig viele andere Lösungen, die sind aber auf jeden Fall größer als 10m und kleiner als 70m, sie liegen also auf jeden Fall dazwischen"[14].

D) Interessante Fälle des Hinwegsetzens über das implizite „Do What I Mean" der Aufgabenstellung

Das Phänomen des impliziten „Do What I Mean"(DWIM) ist als Terminus von JAHNKE in die Diskussion um die Neue Aufgabenkultur eingeführt worden. JAHNKE behauptet, dass jede erdenkliche Aufgabenstellung nicht nur konkrete Angaben enthalte, die zur Bearbeitung der Aufgabe nötig sind, sondern auch mehr oder weniger deutliche Hinweise, was zu tun und was zu lassen ist; welche Lösungsansätze gewählt werden können; sowie indirekt gegebene Bedingungen, die zwar nicht explizit erwähnt werden, aber im Kontext von Mathematikunterricht mehr oder weniger als selbstverständlich angenommen werden können. Für die Schülerinnen und Schüler ergebe sich somit bei der Bearbeitung von Aufgaben im Mathematikunterricht immer die Aufforderung: „Wähle alle Rahmenbedingungen passend und bearbeite die Aufgabe so, wie es die Aufgabenstellerin gemeint hat"[15].

Einige wenige Lösungen der Studierenden sind klare Fälle des Hinwegsetzens über das DWIM der Aufgabenstellung bzw. der vorab von mir festgelegten Bearbeitungsanweisungen. Diese Lösungsansätze sind von besonderem Interesse, da sie von dem Ziel angespornt werden, die Gesamtheit aller Fälle rechnerisch zu beherrschen, und da dies den ent-

---

[13] L 13, Anhang, S. A25
[14] L2, Anhang S. A3
[15] Jahnke 2005, S. 9. Jahnke betont, dass dies bei geschlossenen Aufgabenformaten zwar graduell ausgeprägter ist, als bei offenen, ihm scheint das DWIM-Element aber für alle Textaufgaben geradezu konstitutiv zu sein, vgl. a.a.O. S. 9 ff. Einer ‚vorurteilsfreien' Bearbeitung von Aufgaben (wie sie Wittenberg gefordert hat, vgl. das Zitat im letzten Abschnitt) scheinen Jahnke im Unterricht zwangsläufig gewisse Grenzen gesetzt zu sein. Man vergleiche hierzu auch die Überlegungen von Menck zu den Spezifika pädagogischer Arbeit in Abschnitt 2.1.

scheidenden Punkt zur produktiven Erweiterung der Aufgaben darstellt.

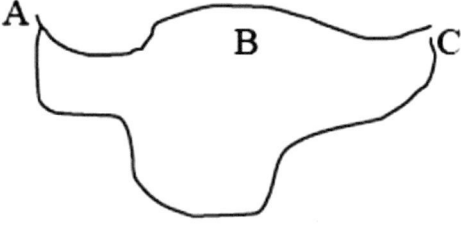

Abbildung 3.3.3

Der erste hier vorzustellende Ansatz (s. *Abbildung 3.3.3*)[16] bringt uns diesem Ziel noch nicht wirklich näher, verdeutlicht aber die Rigidität auszuschließender Annahmen: Wenn man die Aufgabe mathematisch (insbesondere rechnerisch) lösen möchte, so muss man annehmen, dass alle Entfernungen Angaben über geradlinig gemessene Entfernungen darstellen. Wenn wir das Problem als echte Anwendungsaufgabe ernst nähmen, wäre Abbildung 3.3.3 vielleicht deutlich näher an der Realität. Die Aufgabenstellung schließt derartige Fälle aber implizit aus und legt solche vereinfachenden Modelle nahe, bei denen sich die Entfernung „einfach berechnen" lässt[17].

„ich schaue in Formelsammlung, um mich zu vergewissern, finde dort allgemeines Dreieck → neue Skizze

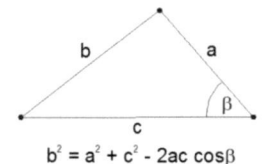

$$b^2 = a^2 + c^2 - 2ac \cos\beta$$

Übertragen auf meine Fall bereitet keine Probleme"

Abbildung 3.3.4

---

[16] L25, Anhang, S. A43

[17] Für die Studierenden scheint bei dieser Aufgabe eine Verwechselung von eingekleideter Aufgabe und realitätsbezogener Aufgabe allerdings kein Problem darzustellen, so wird etwa die in der Realität nicht unproblematische Idealisierung der räumlichen Ausdehnung der Eisbar als „Punkt" in keiner Lösung angesprochen (die Ausdehnung der Theke der Eisbar hätte ja u.U. durchaus Einfluss auf die Lösung). Auch L25 diskutiert im Übrigen die Geraden-Fälle und einen Pythagoras-Fall.

Ein anderer Student imitiert mit seiner Lösung den bequemen, aber cle-veren Schüler: In der *Rückschau* versucht er einen besseren Lösungsweg zu finden und findet einen solchen, in dem er einen Satz in der For-melsammlung nachschlägt (s. *Abbildung 3.3.4*).

Es ist klar, dass auch diese Lösung kaum von den Autoren der öster-reichischen Bildungsstandards intendiert worden sein dürfte: Weder ist der Einsatz der Formelsammlung vorgesehen noch gehört der Kosinus-satz zum Stoff dieser Schulstufe.

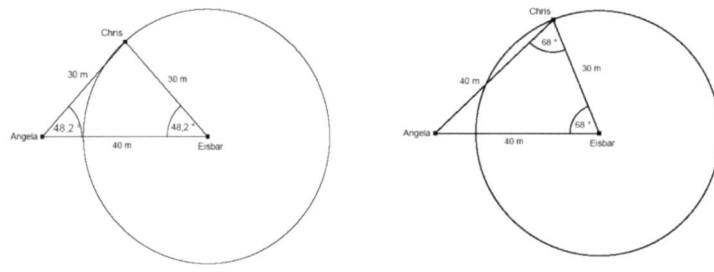

Abbildung 3.3.5

Der letzte hier vorzustellende Lösungsansatz berücksichtigt nicht nur beide Geraden- und beide Pythagoras-Fälle, sondern zusätzlich die in *Abbildung 3.3.5* präsentierten Fälle[18]. Gleichschenklige Dreiecke voraus-zusetzen ist ein sehr eleganter Weg die Aufgabe zu lösen, denn die Ent-fernung ergibt sich automatisch: Sie beträgt entweder 30 m oder 40 m. Dabei ist die Annahme von gleichschenkligen Dreiecken genauso gut oder schlecht wie die Annahme von rechtwinkligen Dreiecken. Über die Aufgabenstellung wird sich allerdings insofern hinweggesetzt, als für die gleichschenkligen Dreiecke nichts zu berechnen ist[19].

Die Studentin, die diesen Ansatz gewählt hatte, hat mit ihrer Lösung zu-sätzlich eine Datei für ein Dynamisches Geometrie System mitgeschickt, bei der man die Lage von Chris und Angela auf den beiden Kreisen va-riieren kann (s. *Abbildung 3.3.6*). Das DGS erlaubt eine direkte Messung aller möglichen Entfernungen von Chris und Angela. Und wieder wird nichts berechnet: Die Messung wird durch das DGS übernommen, das intern mit einer numerischen Approximation arbeitet.

---

[18] L6, Anhang S. A10-15

[19] Zu berechnen wären in diesen Fällen allenfalls die in Abbildung 3.3.5 angegebenen Winkel bei Angela und Eisbar. Konstruieren lassen sich die gleichschenkligen Dreie-cke allerdings auch ohne die Kenntnis dieser Winkel (Genau das ist die konstruktive Wendung des Kongruenzsatzes SSS).

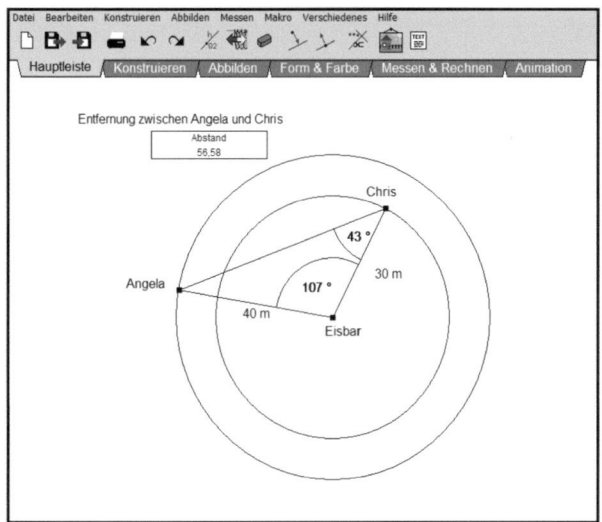

Abbildung 3.3.6

Relevante grundlegende Ideen

Das Schaubild in Abbildung 3.3.7 setzt die vorgestellten Ansätze in Beziehung zu den relevanten grundlegenden Ideen. Wenn wir unsere Beispielaufgabe vom Standpunkt der synthetischen Geometrie aus betrachten, so ist die Aufgabe vergleichsweise simpel: Alle Entfernungen zwischen 10 und 70 Metern sind gleich gut möglich, da wir das resultierende Dreieck für alle Entfernungen auf der Basis des Kongruenzsatzes SSS gleich gut konstruieren können. Von diesem Blickwinkel aus ist keine genauere Antwort möglich: Die Aufgabenstellung enthält keinerlei Hinweise über irgendwelche Winkel in der Figur, also sind alle Winkel gleich gut möglich. Wenn man ein bestimmtes mögliches Dreieck konstruieren möchte, so gibt es keine einfachen Spezialfälle, jedes Dreieck lässt sich gleich einfach konstruieren. Diese Erkenntnis wird bei den Studierenden-Lösungen am ehesten durch das ‚Zwei Kreise und Extremwert-Abschätzung'-Modell repräsentiert.

Die zu Grunde liegende Idee ist die des ‚Strukturierens in Ebene und Raum': Wir benutzen Dreiecke und Kreise, um die Situation zu strukturieren. Deren charakteristische Eigenschaften geben uns weiteren Aufschluss über die Situation: Jede Entfernung von 10 bis 70 Metern ist möglich, keine spezielle Entfernung ist wahrscheinlicher als die anderen.

(synthetisch) geometrischer Standpunkt	rechnerisch-algebraischer Standpunkt

Alle Entfernungen zwischen 10 und 70 m lassen sich gleich einfach konstruieren.

Erfahrungen aus der Kongruenzgeometrie der unteren Mittelstufe (Kongruenzsatz SSS)

Idee des Strukturierens in Ebene und Raum

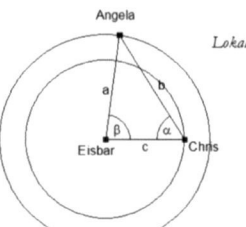

Die Spezialfälle $\beta = 0;90;180$ und $\alpha=90$ können mit bekannten Formeln einfach bestimmt werden

Lokales Satzwissen zur berechnenden Geometrie (Satz von Pythagoras)

Idee des Messens *(mittelbare Verfahren)*

empirisch-numerischer Standpunkt	trigonometrischer Standpunkt
In einem DGS können alle Lagepositionen „nachgemessen werden".	Der Kosinussatz macht alle Situationen rechnerisch beherrschbar.

(quasi-)funktionale Standpunkte

Idee des funktionalen Denkens

Abbildung 3.3.7

Unsere Sichtweise auf das Problem ändert sich entscheidend, wenn wir vom Standpunkt der synthetischen Geometrie zu einem arithmetisch-algebraischen Standpunkt übergehen: Auf der Grundlage der typischen Kenntnisse von 8./9.-Klässlern gibt es nur einige ausgewählte Spezialfälle, die eine einfache Berechnung erlauben. Wenn wir die Entfernung auf einfache Weise berechnen wollen, müssen wir den Winkel an der Eisbar als 0°, 90° oder 180° annehmen bzw. den Winkel bei Chris als 90°. Nur in diesen Fällen stehen uns geometrische Sätze zur Verfügung, die sich als Berechnungsformeln nutzen lassen, um aus den zwei gegebenen Entfernungen die dritte zu berechnen.

Bei diesem Ansatz liegt prinzipiell die Idee (exakter) Messung zu Grunde: Geometrische Sätze lassen sich als Berechnungsformeln auffassen, um aus bestimmten bekannten Figurstücken andere zu berechnen. Die Formeln sind dabei gewissermaßen geronnene Messerfahrung[20]. Wir haben es also wieder mit jenem mittelbaren Messverfahren zu tun, das wir normalerweise einsetzen, wenn wir uns keine weiteren Gedanken über das Messen machen wollen. Der Bezug zur Idee des Messens ist

---

[20] Vgl. die Zwischenreflexion zur Idee des Messens in Abschnitt 3.2

bei diesen Lösungen also analog zu den Lösungsvarianten A und B zur Aufgabe in Abschnitt 3.2 nur implizit gegeben.

Sowohl der Standpunkt der synthetischen Geometrie als auch der Standpunkt der berechnenden Geometrie lassen einen kleinen Teil der Studierenden unbefriedigt zurück. Zwar können alle möglichen Entfernungen zwischen 10m und 70m laut Kongruenzsatz SSS auftreten, wie die genauen Lagepositionen aussehen, erkennt man aber erst nach der Konstruktion des zugehörigen Dreiecks. Im Doppelkreis-Modell lassen sich die Längen nur approximativ (durch konkretes Nachmessen) bestimmen. Berufen wir uns hingegen auf unser Formelwissen aus der berechnenden Geometrie, so können wir nur ein paar einfache Spezialfälle diskutieren, solange wir den Kosinussatz noch nicht kennen.

Will man die Nachteile dieser Ansätze überwinden, so heißt das, eine Formel zu suchen, die einem alle Fälle in Abhängigkeit des bei der Eisbar vorliegenden Winkels berechnen lässt. Benutzt man dazu ein dynamisches Geometrie-System, so gelangt man zunächst nur zu einer numerisch-empirischen Lösung. Das System bestimmt intern die Länge aufgrund einer numerischen Annäherung (entspricht also im Prinzip dem konkreten Nachmessen), erlaubt einem allerdings simultan zur Veränderung der Lage von Chris und Angela auf den Kreisringen die jeweils resultierenden Entfernungen direkt abzulesen. Eine exakte rechnerische Lösung erfordert hingegen den Kosinussatz. Wenn zwei Seiten eines Dreiecks als gegeben angesehen werden, kann man die Seitenlänge der dritten Seite als Funktion des Mittelpunktswinkels [f062] auffassen und den Kosinussatz damit funktional interpretieren. Die beiden letzteren Ansätze repräsentieren damit einen (quasi-)funktionalen Ansatz: Dynamische Geometrie erlaubt das diachrone Durchlaufen aller möglichen Ergebnisse durch Manipulation der Lage von Chris und Angela, der Kosinussatz bietet uns zudem einen (formelhaften) simultanen Überblick über den gesamten Definitionsbereich.

Sachanalytische Ausweitung: Ein genetischer Zugang zum Kosinussatz

Wenn wir das bislang Festgestellte zusammenfassen wollen, so müssen wir den Kosinussatz als im Prinzip einzige voll zufriedenstellende Lösung für unser Problem einschätzen. Es stellt sich nun die Frage, ob wir aus den anderen Ansätzen heraus die Beispielaufgabe zu einer produktiven Lernumgebung[21] zur Einführung des Kosinussatzes ausweiten können. Der auf DGS basierende Ansatz scheint für eine derartige Lernumgebungen einen guten Ausgangspunkt darzustellen, da er bereits den Übergang zu einer quasi-funktionalen Betrachtung darstellt. Wenn wir uns an die in Abbildung 3.3.6 präsentierte Lösung erinnern, so erlaubt uns diese Skizze allein noch keine einfache funktionale Modellierung, denn es sind zu viel Punkte variabel.

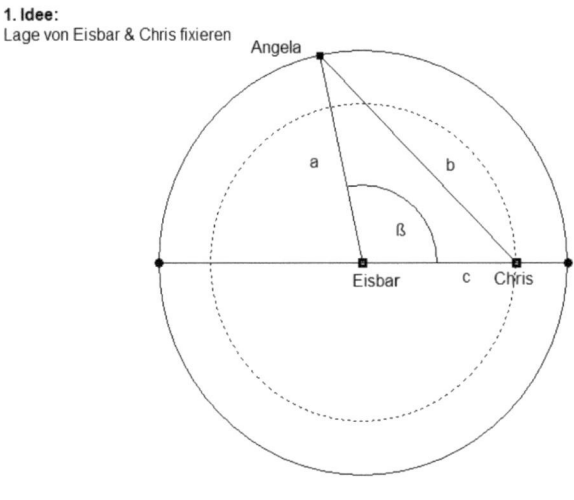

1. Idee:
Lage von Eisbar & Chris fixieren

Abbildung 3.3.8

Wenn wir das Problem funktional modellieren wollen, setzt dies voraus, dass wir die Anzahl der variablen Punkte reduzieren, ohne die Allgemeinheit zu beschränken. Dies ist eine typische Strategie im Umgang mit funktionalen Zusammenhängen, und in diesem Fall ist eine Lösung relativ leicht zu finden: Wir können etwa die Lage von Chris und der Eisbar fixieren, ohne dass wir irgendeine mögliche auftretende Entfernung zwischen Chris und Angela dadurch verlieren würden (siehe *Abbildung 3.3.8*). Die Fixierung von Chris und Eisbar erlaubt es uns zudem, die Position von Angela und damit auch die Entfernung zwischen Chris und Angela als Funktion des Mittelpunktswinkels β aufzufassen.

Für eine rechnerische bzw. funktionale Modellierung ist es zudem sinnvoll, zusätzlich eine geeignete Koordinatisierung vorzunehmen. Es liegt nahe, dabei den Mittelpunkt der Kreise als Ursprung des Koordinaten-

---

[21] Wittmann 2001

systems zu wählen. Mit einem DGS ist es nun möglich, die resultierenden Entfernungen in Abhängigkeit vom Mittelpunktswinkel als dynamische Kurve erzeugen zu lassen[22]. Das Ergebnis ist in *Abbildung 3.3.9* dargestellt und macht klar: Allein aufgrund des so erzeugten Funktionsgraphen ist es kaum möglich, die zugehörige Funktionsgleichung zu erkennen.

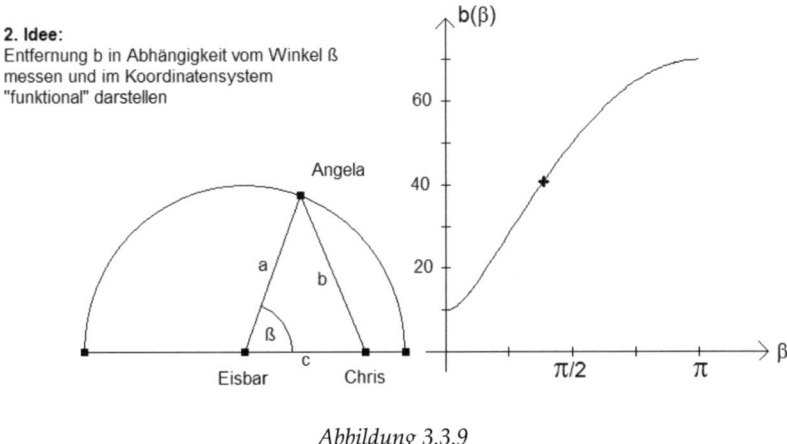

Abbildung 3.3.9

Wollen wir von dieser empirisch-numerischen zu einer arithmetisch-algebraischen Lösung kommen, so ist ein erneuter Standpunktwechsel unvermeidlich. Beim Anfertigen eines Lösungsplans empfiehlt POLYA sich zu fragen: „Kennst Du eine verwandte Aufgabe? Kennst Du einen Satz, der hilfreich sein könnte?"[23]. Die bedeutende heuristische Kraft der Hilfsaufgabe kommt auch in unserem Fall zum Tragen: Das Dreieck *ECA* ist einem Halbkreis einbeschrieben. Wenn der Winkel bei *C* ein rechter Winkel wäre, so wäre unsere Figur nahezu identisch mit der Figur, die man normalerweise benutzt, um Sinus und Kosinus am Einheitskreis zu definieren. Diese Beobachtung kann uns helfen, die geometrische Situation zu restrukturieren: Wir tun gut daran, eine Hilfslinie einzuzeichnen, und zwar das Lot von *A* auf den Durchmesser. Das Ergebnis ist in Abbildung 3.3.10 dargestellt.

---

[22] Im eingesetzten System Euklid DynaGeo muss man dazu wissen, wie man die Länge von *b* und den Winkel β ausliest und dann einen Punkt konstruiert, dessen *x*-Koordinate den Winkel und *y*-Koordinate die Länge von *b* darstellt.

[23] Polya 1995, Einbandseite

3. Idee:
Ähnlichkeit zu Sinus/Kosinus am Einheitskreis
=> Lot von A auf Durchmesser fällen

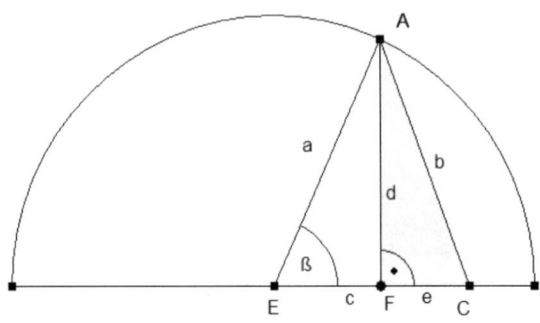

Abbildung 3.3.10

Das Dreieck AFC ist rechtwinklig und kann aufgrund unseres Vorwissens ,einfach gemessen' bzw. berechnet werden.

Für die Seiten des Dreiecks gilt laut Definition von Sinus und Kosinus (auch für $90° < \beta < 180°$):

$$d = a \cdot \sin \beta$$
$$e = c - a \cdot \cos \beta$$

Damit gilt für die gesuchte gemeinsame Seite b der Dreiecke AFC und ACE laut Satz von Pythagoras:

$$\begin{aligned} b^2 &= (a \cdot \sin \beta)^2 + (c - a \cdot \cos \beta)^2 \\ &= a^2 \cdot \sin^2 \beta + a^2 \cdot \cos^2\beta + c^2 - 2 \cdot a \cdot c \cdot \cos \beta \end{aligned}$$

Hieraus folgt mit $\sin^2 x + \cos^2 x = 1$:

$$b^2 = a^2 + c^2 - 2 \cdot a \cdot c \cdot \cos \beta,$$

also gerade der Kosinussatz. Damit haben wir eine Berechungsformel für b in Abhängigkeit der jeweiligen Entfernungen von Chris und Angela zur Eisbar und des Mittelpunktswinkels gefunden, gleichzeitig aber auch einen allgemeinen Beweis für den Kosinussatz.

Analysiert man diese Erweiterung der ursprünglichen Fragestellung bzw. der vorgefundenen Lösungswege, so kann man auch hier die implizite und dennoch bedeutende Rolle lokal interpretierter grundlegender Ideen für den Lösungsweg festhalten. Die Restrukturierung des

Problems wird sowohl von der ‚Idee des Strukturierens in Ebene und Raum' als auch der ‚Idee des Messens' geleitet. Ohne solides Wissen über geometrische Strukturen bzw. Figuren und die mit ihnen verbunden Sätze würde es einem kaum gelingen, ein sinnvolles Hilfsproblem zu finden oder eine geeignete Hilfslinie einzuzeichnen. Messen kommt andererseits nur implizit zum Zuge, denn ein geeignetes Hilfsproblem finden bedeutet ein einfacheres Problem zu finden. Ein einfacheres Problem kann im vorliegenden Fall aber nur heißen, ein Problem zu finden, bei dem das bereits vorhandene Wissen über geometrisches Messen ausreicht, um das Problem zu lösen.

Im Speziellen heißt das aber im betrachteten Beispiel, dass man Teilfiguren auffinden muss, die sich aufgrund des bereits vorhandenen Satz- und Formelwissens einfach berechnen lassen. Messen ist hier also zunächst nur sehr implizit in der stark elaborierten Form des Anwendens von Berechungsverfahren angesprochen[24]. Zwar verwenden wir hier ebenso wie in Abschnitt 3.2 die Strategie des Aufsuchens ‚einfacher Teilfiguren', allerdings ist die Einfachheit hier nicht auf das basale Prinzip des Vergleichs mit einer Standardform desselben Größenbereichs (Längen) bezogen, sondern ihrerseits wieder nur indirekt, mittelbar über die einfache Berechenbarkeit mit dem Messen verknüpft

Zusammenfassung

Die in diesem Abschnitt vorgestellte Analyse konnte aufzeigen, dass die beiden Lösungsansätze, bei denen die Studierenden auf typisches Wissen von 8./9.-Klässlern zurückgegriffen haben, als in gewisser Weise unzufriedenstellend gelten müssen (solange man den Kosinussatz als noch nicht bekannt voraussetzt).

Aus Sicht der synthetischen Geometrie sind alle Fälle gleich einfach, rechnerisch bestimmen können wir die Lösung aber nur in einigen einfachen Spezialfällen. Unser geometrisches Wissen geeignet zu erweitern heißt in diesem Beispiel, unser Wissen über elaborierte, mittelbare geometrische Messmethoden zu erweitern, mit dem Ziel, rechnerische Kontrolle über das allgemeine Dreieck zu erlangen.

Der ‚Idee des Messens' nähert man sich in diesem Beispiel von einer gänzlich anderen Seite als bei der Lösungsvariante C in Abschnitt 3.2. Während dort im Grunde ein Verfahren des Vergleichens von Objekten eingesetzt wird, das auch ohne den für das Messen typischen Schritt des

---

[24] Vgl. Abschnitt 3.2, sowie Baireuther 1990, S. 84

Zuordnens von Maßzahlen auskommt, verwenden wir hier Verfahren, die hochgradig von der Vernetzung des geometrischen Messens (als Zuordnung einer Maßzahl zu einer geometrischen Eigenschaft einer Figur) mit der Idee des ‚Strukturierens in Ebene und Raum' abhängig sind.

Während in besagter elementarer Lösungsvariante in Abschnitt 3.2 der unmittelbare Passvergleich als ‚Zur Deckung bringen' angesprochen wird – also ein allgemeines, basales Messprinzip – haben wir es bei der Erweiterung der Beispielaufgabe aus diesem Abschnitt zu einem Zugang zum Kosinussatz mit einer Erweiterung bereits ihrerseits elaborierter, mittelbarer Verfahren zu tun. Schon der Satz des Pythagoras und die Definition von Sinus und Kosinus bei rechtwinkligen Dreiecken sind Aussagen, die mehrere Eigenschaften einer Figur miteinander verknüpfen (Seitenlängen, Flächen über den Seiten, Winkelgrößen), also gemäß der Reflexion zum Messen aus Abschnitt 3.2 um elaborierte Messverfahren[25]. Das Aufsuchen einfacher Teilfiguren findet zudem auf einer höheren Stufe statt: ‚Einfach' heißt hier nur noch, dass wir bereits rechnerische Kontrolle über die Teilfiguren haben. Es führt uns bei diesem Beispiel auch nicht weiter, wieder nach der Begründung der bereits bekannten Formeln bzw. nach der Bedeutung der Idee des Messens für diese Begründung zu fragen. Von der ‚Idee des Messens' bleibt also nur die Zielvorstellung der Zuordnung einer Maßzahl zu einem Objekt übrig und das – allerdings erheblich erweiterte – Verständnis des Aufsuchens einfacher Teilfiguren. Das ist aber typisch für den Beitrag, den Trigonometrie zum geometrischen Messen liefert: Die Trigonometrie ist gewissermaßen die konsequente Ausnutzung des (aus der synthetischen Geometrie herrührenden) Wissens über geometrische Figuren zur zuverlässigen Zuordnung von Maßzahlen zu Objekten. In der Trigonometrie sind damit ‚Messen' und ‚Strukturieren' so eng miteinander verzahnt, dass die Resultate, die wir in trigonometrischen Sätzen festhalten, sich nur noch mittelbar auf basale Messprinzipien zurückführen lassen. Hinzu kommt, dass für die Figur, die den Ausgangspunkt der Überlegungen bildete (Abbildung 3.3.8), bereits eine Reduktion der Anzahl der variablen Punkte nötig war, also mittelbar auch noch die ‚Idee des funktionalen Denkens' den Lösungsweg beeinflusst hat.

Sehr deutlich wird der gegenüber Abschnitt 3.2 veränderte Charakter des Messens bzw. des Zusammenhangs von ‚Messen' und ‚Strukturieren' am gänzlich anderen Charakter der Hilfslinie in beiden Abschnit-

---

[25] Werden diese Sätze zudem ausschließlich als Berechnungsformel interpretiert, so wäre sogar nur noch sehr implizit von ‚Messen' zu sprechen, vgl. die Anmerkung zur entlastenden Funktion von Formeln in Abschnitt 3.2.

ten: In der elementaren Lösungsvariante in Abschnitt 3.2 dient diese unmittelbar der Zerlegung in Elementarfiguren, für die ein Passvergleich durchgeführt wird. Sie dient uns im Weiteren zur Anwendung eines Verfahrens, dass sogar eher in einen dem Messen vorgelagerten Bereich führt. Im Beispiel in diesem Absatz ist sie Teil eines Strukturierens der Situation, in dessen Verlauf auch eine ,einfache Figur' aufgefunden wird. Deren Einfachheit liegt aber gerade in ihrer Berechenbarkeit, verweist also auf dasjenige Verfahren, dass einen eher vom Nachdenken über das Messen als solches entlasten soll.

Betrachten wir das Beispiel als möglichen Anknüpfungspunkt zum Nachdenken über grundlegende Ideen, scheint es hier also weniger angeraten, über die grundlegende Idee des Messens an sich zu reflektieren (jedenfalls nicht in dem Sinne, auf ,Messen' als ,Auslegen mit Elementarfiguren' zu rekurrieren). Das Beispiel kann hier vermutlich besser dazu genutzt werden, die erhebliche Veränderung der Vorstellungen zum Messen bzw. den veränderten Strategien des Messens (wenn wir es zunächst im weitesten Sinne als Zuordnung von Maßzahlen zu Objekten verstehen) zu thematisieren, die für den Bereich der Trigonometrie kennzeichnend sind, nämlich der wachsende, ja prägende Einfluss von Vorstellungen und Strategien, die mindestens genauso eng an das ,Strukturieren in der Ebene und im Raum'[26] gebunden sind.

Methodisch betrachtet zeigt die in diesem Analysebeispiel vorgestellte Art der Anwendung grundlegender Ideen die mögliche Bedeutung der Verknüpfung eher traditioneller Arten der Sachanalyse mit qualitativ empirischen Methoden: Empirisches Ausgangsmaterial war der Ursprung der Untersuchungen und die zu Grunde liegende Sachanalyse theoretisch auszuweiten der Schlüssel, um das Potenzial der Problemstellung als Kernaufgabe eines genetischen Zugangs, einer möglicherweise produktiven Lernumgebung zum Einstieg in die Trigonometrie zu erkennen.

---

[26] Ähnlich wie schon bei der Unterscheidung zwischen mittelbaren und unmittelbaren Verfahren des Messens in Abschnitt 3.2 kann man hier natürlich wieder einwenden, dass das nichts mehr mit ,Messen' zu tun hat. Dem würde ich mit denselben Argumenten wie in Abschnitt 3.2 entgegentreten, kurz: Die Idee des Messens als Metakonzept zu erschließen, heißt für mich eben auch zu erkennen, was von ihrem ursprünglichen, bereichsunabhängigen Charakter verloren geht und was (unter Einfluss anderer Metakonzepte) hinzukommt, wenn wir tiefer in ein Lerngebiet einsteigen, ganz analog zur Veränderung der Zahlvorstellung in verschiedenen Zahlbereichen.

Fazit und Ausblick

Diese Arbeit begann mit einer Untersuchung der ideengeschichtlichen und mathematikdidaktischen Entwicklung grundlegender Ideen. Sehr knapp zusammengefasst lautete das Fazit dieses ersten Kapitels, dass grundlegende Ideen mathematisch, bildungstheoretisch und pragmatisch bedeutsame Leitlinien für die Gestaltung des Mathematikunterrichts darstellen sollen, bei deren Auswahl, Formulierung und Implementation die Frage der genauen Interpretation der jeweiligen Bedeutsamkeit eine entscheidende Rolle spielt.

Für den Rahmen dieser Arbeit wurden dabei mehrere Einschränkungen bzw. Kompromisse in Kauf genommen. Bei der *Auswahl der zu betrachtenden Ideen* wurde dieser Kompromiss durch eine Mischung zwischen curriculumnahen, stärker lernbereichsgebundenen Ideen und allgemeinen, abstrakteren Ideen realisiert. Die Frage der *bildungstheoretischen Bedeutsamkeit* wurde auf die Aspekte der auch unmittelbar für den Lernenden erfahrbaren Nützlichkeit (teleologisches Prinzip) und der Erfahrbarkeit des prozesshaften Charakters der Mathematik (genetisches Prinzip) eingeschränkt. Um mehr über die mögliche *pragmatische Bedeutung* grundlegender Ideen für die Lernenden aussagen zu können, wurde den grundlegenden Ideen die konkrete, den Lernprozessen der Schülerinnen und Schüler nähere Ebene der zugeordneten oder abgeleiteten lokalen Subkonzepte zur Seite gestellt. Eine Orientierung an grundlegenden Ideen schwankt historisch gesehen zwischen den Polen ideologischer Überhöhung und pragmatischer Aushöhlung. Deshalb wurde die Orientierung an grundlegenden Ideen in dieser Arbeit in erster Linie als *analytisches Prinzip* verstanden, mit dem sich Forschende und Lehrende den Inhalten des Unterrichts nähern und erst in zweiter Linie als ein methodisches Prinzip zur Ausgestaltung des Mathematikunterrichts.

Diese Beschränkungen wurde forschungslogisch und forschungspragmatisch als erster Schritt einer stärkeren Orientierung an grundlegenden Ideen aufgefasst. Dieser Schritt diente dazu, auf präskriptiv analytischer Ebene nachzuweisen, welchen *lokalen* Beitrag grundlegende Ideen zur vertieften Durchdringung der mathematischen Gegenstände, zu ihren potenziellen Bildungswirkungen und zu einem verbesserten Verständnis der Inhalte leisten können. Erst danach scheint es sinnvoll zu fragen, wie diese lokale Bedeutung grundlegender Ideen zu einer Metareflexion über die grundlegenden Ideen an sich anregen kann, wie dies konkret im Unterricht umgesetzt werden kann und schließlich welchen Einfluss dies auf die Einstellung der Schülerinnen und Schüler zum Fach Mathematik haben wird – um den vollen Kreis zur eingangs der Einleitung von BEUTELSPACHER geschilderten Beobachtung zu schließen.

Den im dritten Kapitel vorgestellten Beispielen war gemeinsam, dass grundlegende Ideen – vor allem auf Basis zugeordneter Subkonzepte – zunächst zur Exploration der mathematischen Inhalte genutzt wurden. Bei diesen Sachanalysen ging es – im Unterschied zum in Abschnitt 2.1 beschrieben klassischen Verständnis dieses Analyseverfahrens – nicht darum, vermeintliche Königswege zu identifizieren. Vielmehr sollte die Betrachtung der in einem Inhaltsbereich virulenten lokalen Subkonzepte und ihrer Verknüpfung untereinander helfen, Einseitigkeiten zu erkennen, Alternativen gegeneinander abzuwägen und zur Reflexion über die lokale Bedeutung grundlegender Ideen anzuregen. Vor allem das Beispiel in Abschnitt 3.3 konnte dabei aufzeigen, dass durch das Hinzunehmen der Ebene der lokalen Subkonzepte ein wichtiger Schritt in Richtung der stärkeren Berücksichtigung tatsächlicher Lernprozesse und damit eine notwenige Öffnung der Sachanalyse in Richtung qualitativ empirischer Verfahren getan werden kann.

Zur Frage der Umsetzung des zweiten Schrittes, also einer stärkeren Integration des unterrichtlichen Nachdenkens über die grundlegenden Ideen selbst wurden gemäß der oben erwähnten Beschränkung jeweils erste Hinweise gegeben und potenzielle Anknüpfungspunkte aufgezeigt. Die jeweiligen Beispiele legen zwar nahe, dass es ertragreich sein dürfte, über die jeweils relevanten Subkonzepte zu sprechen, das beantwortet aber noch nicht die Frage, wie die grundlegenden Ideen an sich und ihre Bedeutung für das mathematische Denken und Arbeiten zum Thema des Unterrichts werden können. Es gibt uns auch keinerlei Garantie, die eingangs der Arbeit zitierte Hoffnung BEUTELSPACHERs erfüllen zu können, dass Schülerinnen und Schüler eine klare Idee davon bekommen, was Mathematik an sich ausmacht.

Die Einlösung derartiger Hoffnungen kann von einer wissenschaftlich redlichen Arbeit aber mit Blick auf die in Kauf genommen, notwendigen methodischen Einschränkungen nicht ernsthaft erwartet werden. Vielmehr sehe ich es an dieser Stelle als meine Aufgabe an, abschließend die wichtigsten offenen Fragen und Probleme zu benennen und mögliche weitere Schritte zu ihrer Beantwortung oder Überwindung aufzuzeigen:

Zum Ersten ist mit Blick auf die getroffene Vorauswahl grundlegender Ideen noch einmal auf deren vorläufigen Charakter hinzuweisen. In den in Kapitel 3 untersuchten Beispielen haben sich die Ideen Zahl, Messen, Strukturieren in der Ebene und im Raum, funktionales Argumentieren, Repräsentation, Symmetrie und Optimalität als hilfreich herausgestellt. Allerdings können wir daraus allein aufgrund der Anzahl der Analysebeispiele kaum weitergehende Schlüsse über ihre generelle Bedeutung für den Mathematikunterricht ableiten. Hier verdeutlicht die Arbeit den stoffdidaktischen Forschungsbedarf im engeren Sinne: Hält man die hier angeregte Betrachtung lokaler Subkonzepte für wichtig, so wären eingehende Untersuchungen der lokalen Bedeutung grundlegender Ideen in einer Vielzahl weiterer Beispiele, in möglichst unterschiedlichen Lernbereichen nötig. Es wäre dazu auch nötig, den hier betrachteten inhaltlichen Rahmen (etablierte Beispiele aus dem Standardcurriculum der Sekundarstufe I) erheblich zu erweitern, um nicht die als ambivalent herausgestellte Beschränkung auf das ohnehin in der Schule Unterrichtete zu perpetuieren.

Bildungstheoretisch wurde zum Zweiten betont, dass die Inhalte des Mathematikunterrichts nicht ausschließlich im Sinne eines strikt materialen Bildungsverständnisses für sich selbst stehen, sondern im Sinne MENCKs immer auch symbolische Repräsentationen gesellschaftlicher Praxis sind. Auch hier ist der Blickwinkel der vorliegenden Arbeit vergleichsweise eng geblieben, ich habe mich im Wesentlichen auf eine Verpflichtung auf das teleologische und genetische Grundprinzip beschränkt. Hier verdeutlicht die Arbeit den bildungstheoretisch orientierten Forschungsbedarf: Konkurrierende, historisch gewachsene Auffassungen vom Wesen der Mathematik und ihre gesellschaftliche Bedeutung wären daraufhin zu befragen, inwiefern sie Auswahl und Formulierung grundlegender Ideen einerseits und im Mathematikunterricht zu behandelnde Themen andererseits und schließlich deren innere Verschränkung beeinflussen. Erst dann können grundlegende Ideen überhaupt legitimatorische Funktionen für sich beanspruchen.

Zum Dritten haben die Analysen der letzten Kapitel gezeigt, dass es ratsam erscheint, dass Schülerinnen und Schüler über einen möglichst breiten Vorrat lokaler begriffs- und verfahrenbezogener Subkonzepte einerseits und heuristischer Subkonzepte andererseits verfügen. Diese Erkenntnisse allein wären nun nicht unbedingt neu. Die Beispiele können darüber hinaus aber auch als erste Bestätigung gelten, dass sowohl bei den üblicherweise sehr lokal gedachten Grundvorstellungen als auch bei den üblicherweise eher inhaltsneutral gedachten heuristischen Strategien eine stärkere Anbindung an größere inhaltsgebundene Leitideen – ein Zusammen-Denken mit den grundlegenden Ideen nämlich – für das nachhaltige Lernen von Mathematik vorteilhaft sein dürften.

Hier verdeutlicht die Arbeit den ohne Frage dringlichen Forschungsbedarf einer empirischen Erweiterung der Untersuchung, insbesondere wenn man die Orientierung an grundlegenden Ideen stärker als Teil der Entwicklungsforschung begreifen möchte. Ich spreche hier bewusst von Erweiterung, denn so dringlich dieser Bedarf auch ist, so wichtig scheint mir

- einerseits die Feststellung, dass die notwendige empirische Forschungsperspektive in keiner Weise die Bedeutung der weiteren stoffdidaktischen und bildungstheoretischen Durchdringung herabsetzen oder substituieren kann,
- dass es andererseits nicht um eine bloße empirische Absicherung stoffdidaktischer oder bildungstheoretischer Positionen geht.

Ich meine vielmehr, dass empirische Untersuchungen nötig sind, um das Potenzial des Zusammen-Denkens von grundlegenden Ideen als generell bedeutsamen Metakonzepten und lokal unmittelbar bedeutsamen Subkonzepten weiter zu explorieren, präziser zu formulieren und kritisch bewerten zu können.

Erst im Zusammenwirken der drei Forschungsperspektiven kann es gelingen, das Konzept der Orientierung an grundlegenden Ideen zu dem werden zu lassen, was es seit jeher sein sollte: Ein fachdidaktisches Prinzip, das tatsächlich einen nennenswerten Beitrag zur Verbesserung der Qualität des Mathematikunterrichts leistet. Qualität schließlich muss hier mehr heißen als ein mit wie ausgeklügelten Instrumenten auch immer erhobener Output. Zu sagen, was genau diese Qualität sein soll, ist die eben nie abgeschlossene und stets normativ gefärbte Antwort auf die Frage, was Mathematik und ihre gesellschaftliche Bedeutung ausmachen soll und was davon wir unsren Schülerinnen und Schüler mit auf den Weg geben wollen. Als analytische Kategorie kann die Funktion grundlegender Ideen gerade nicht in der endgültigen Überwindung des normativen Charakters dieser Antwort bestehen, sondern in der ständigen Dekonstruktion und Rekonstruktion stofflicher und normativer Komponenten einer möglichen Antwort, dem Aufzeigen von Kritikwürdigem und dem Auffinden von Ansatzpunkten für die Überwindung des Kritikwürdigen.

Literatur

Adorno, Th. W. 1972: Theorie der Halbbildung. In: Adorno, Th. W. 1972: Soziologische Schriften I Frankfurt a.M., S. 93-121.

Andelfinger, B. 1988: Geometrie. Didaktischer Informationsdienst Mathematik. Soest.

Baireuther, P. 1990: Konkreter Mathematikunterricht. Bad Salzdetfurth.

Baireuther, P. 2003: Strukturgleiche Skalen – Eine Hilfe zur Vorstellung proportionaler Zusammenhänge. In: ml 118 (2003), S. 9-13.

Baireuther, P. 2005: Standards - die neue Mengenlehre? In: PM, Heft 3 (2005), S. 40/41.

Bauer, L. 1995: Objektive mathematische Stoffstruktur und Subjektivität des Mathematiklernens. In: Steiner, H.-G./ Vollrath, H.-J. (Hrsg.) 1995: Neue problem- und praxisbezogene Forschungsansätze. Köln, S. 9-16.

Behnke, H. 1970: Die Krisis des Mathematikunterrichts. Frankfurt a.M. u.a.

Bender, P. 1991: Ausbildung von Grundvorstellungen und Grundverständnissen. In: Postel, H. u.a. (Hrsg.) 1991: Mathematik lehren und lernen – Festschrift für Heinz Griesel. Hannover, S. 48-60.

Bender, P. 2003: Die etwas andere Sicht auf die internationalen Vergleichs-Untersuchungen TIMSS, PISA und IGLU. In: Paderborner Universitätsreden, Heft 89 (2003), S. 35-39.

Bender, P./ Schreiber, A. 1985: Operative Genese der Geometrie. Wien - Stuttgart.

Bieber, G. 2004: Aspekte der Weiterentwicklung der Bildungsstandards am Beispiel des Faches Mathematik. Vortrag auf der Fachtagung der Kultusministerkonferenz „Implementation der Bildungsstandards" (April 2004, Berlin). Internet (http://www.kmk.org/schul/Bildungsstandards/Fachtagung/workshop4_bieber.pdf).

Bikner-Ahsbahs, A. 2001: Eine Interaktionsanalyse zur Entwicklung von Bruchvorstellungen im Rahmen einer Unterrichtssequenz. In: JMD, Heft 3/4 (2001), S. 179-206.

Blum, W. 2005: Bildungsstandards - Segen oder Fluch? In: PM, Heft 6 (2005), S. 39-41.

Blum, W./ Kirsch, A. 1979: Anschauickeit und Strenge in der Analysis IV. Themenheft. MU, Heft 3 (1979).

BMBWK (Hrsg.) 2004: Bildungsstandards für Mathematik am Ende der achten Schulstufe (Version 3.0). Internet (http://www.gemeinsamlernen.at/siteVerwaltung/moBibliothek/ Bibliothek/Mathematik_8_Version_3_0_Okt_2004(1).pdf).

Borneleit, P./ Danckwerts, R./ Henn, H.-W./ Weigand, H.-G. 2001: Expertise zum Mathematikunterricht in der gymnasialen Oberstufe. In: JMD, Heft 1/2 (2001), S. 73-90.

Breidenbach, W. 1963: Rechnen in der Volksschule. Hannover.

Bruder, R. 2000: Problemlösen im Mathematikunterricht. In: Mathematische Unterrichtspraxis, Heft 1 (2000), S. 2-11.

Brügelmann, H. 2004: Kerncurricula, Bildungsstandards und Leistungstests: Zur unvergänglichen Hoffnung auf die Entwicklung der guten Schule durch Evaluation „von oben". In: Vierteljahresschrift für wissenschaftliche Pädagogik, Heft 4 (2004), S. 415-441.

Brügelmann, H. 2006: Bildungsstandards und zentrale Kompetenztests: Ansprüche, Probleme, Perspektiven. In: Informationsschrift Recht und Bildung, Heft 1(2006), S. 8-13.

Bruner, J. S. 1966: Toward a Theory of Instruction. Cambridge.

Bruner, J. S. 1972: Der Prozeß der Erziehung. 2. Auflage. Berlin.

Büchter, A./ Leuders, T. 2005: Standards für das Lernen brauchen Aufgaben für das Leisten! In: PM, Heft 2 (2005), S. 40/41.

Claus, H.-J. 1995: Einführung in die Didaktik der Mathematik. Darmstadt.

Cohen, P. J. 1963: The Independence of the Continuum Hypothesis. In: PNAS (1963), S. 1143-1148.

Damerow, P. 1977: Die Reform des Mathematikunterrichts in der Sekundarstufe I. Band 1: Reformziele, Reform der Lehrpläne. Stuttgart.

Danckwerts, R. 1988: Linearität als organisierendes Element zentraler Inhalte der Schulmathematik. In: DdM, Heft 2 (1988), S. 149-160.

Danckwerts, R./ Vogel D. (Hrsg.) 2001: Der Themenkreis Extremwertproblem . Wege der Öffnung. MU, Heft 4 (2001).

Dörfler, W. 2002: Emergenz von Brüchen und rationalen Zahlen aus einem Handlungssystem. In: JMD, Heft 2 (2002), S. 87-105.

Euklid 1962: Euklids Elemente, deutsch von Cl. Thaer, Leipzig 1933-1937. Nachdruck, Darmstadt.

Fischbein, E. 1989: Tacit Models and Mathematical Reasoning. In: For the learning of mathematics, Heft 9/2 (1989), S. 9-14.

Fischer, R. 1976: Fundamentale Ideen bei den reellen Funktionen. In: ZDM, Heft 8 (1976), S. 185-192.

Fischer, R. 1984: Unterricht als Prozeß der Befreiung vom Gegenstand - Visionen eines neuen Mathematikunterrichts. In: JMD, Heft 1/2 (1984), S. 51-85.

Fischer, R. o.J.: Höhere Allgemeinbildung. Internet (http://imst2.uni-klu.ac.at/ materialien/_design/fischer190901.pdf).

Freudenthal, H. 1963: Was ist Axiomatik und welchen Bildungswert kann sie haben? In: MU, Heft 4 (1963), S. 5-29.

Freudenthal, H. 1973: Mathematik als pädagogische Aufgabe. Stuttgart.

Friedrich, H. 2002: Schülerinnen- und Schülervorstellungen vom Grenzwertbegriff beim Ableiten. Paderborn (Dissertation)/ Internet (http://ubdata.uni-paderborn.de/ediss/17/2001/friedric/disserta.pdf).

Führer, L. 1998: Logos und Proportion. Vortrag (Juni 1998, Köln). Internet (http://www.math.uni-frankfurt.de/~fuehrer/forschung/ Proportionen.pdf).

Führer, L. 2004a: Verhältnisse – Plädoyer für eine Renaissance des Proportionsdenkens. In: ml, Heft 123 (2004), S. 46-51.

Führer, L. 2004b: Fehler als Orientierungsmittel. Vom respektvollen Umgang mit Schülerfehlern. In: BzMU (2004), S. 181-184.

Führer, Lutz 1997: Pädagogik des Mathematikunterrichts. Eine Einführung in die Fachdidaktik für Sekundarstufen. Braunschweig - Wiesbaden.

Gericke, H. 1970: Geschichte des Zahlbegriffs. Mannheim u.a.

Gerstenmaier, J. 1999: Situiertes Lernen In: Perleth, Ch./ Ziegler, A. (Hrsg.) 1999: Pädagogische Psychologie - Grundlagen und Anwendungsfelder. Göttingen, S. 247-248.

Gödel 1931: Über formal unentscheidbare Sätze der Principia Mathematica und verwandter Systeme I. In: Monatsheft für Mathematik und Physik (1931), S. 173-198.

Griesel, H. 1972: Die mathematische Analyse als Forschungsmittel in der Didaktik der Mathematik. In: BzMU (1971), S. 72-81.

Griesel, H. 1997: Zur didaktisch orientierten Sachanalyse des Begriffs Größe. In: JMD, Heft 4 (1997), S. 259-284.

Griesel, H. 1999b: Welche Bedeutung kommt der Mengen- bzw. Zahlinvarianz beim Aufbau des Rechnens zu? In: Henning, H. (Hrsg.) 1999: Mathematik lernen durch Handlung und Erfahrung. Oldenburg, S. 55-62.

Gutzmer, A. 1905: Bericht betreffend den Unterricht in der Mathematik an den neunklassigen höheren Lehranstalten - Reformvorschläge von Meran. Zitiert nach Führer 1997, S.87.

Heitele, D. 1975: An epistemological view on fundamental stochastic ideas. In: Educ. Stud. Math., Heft 3 (1981), S. 187-205.

Hessisches Kultusministerium 2005: Lehrplan Mathematik. Gymnasialer Bildungsgang. Jahrgangsstufen 5G bis 12G. Internet (http://www.kultusministerium.hessen.de).

Heyer, U./ König, H. 1992: Heuristische Vorgehensweisen bewusst herausbilden – methodische Empfehlungen für den Mathematikunterricht. In: MU, Heft 3 (1992), S. 51-65.

Heymann, H. W. 1996: Allgemeinbildung und Mathematik. Weinheim - Basel. Heymann, H. W. 2005: Garantieren „Standards" einen besseren Mathematikunterricht? In: PM, Heft 1 (2005), S. 40/41.

Humenberger, J./ Reichel, H.-Ch. 1995: Fundamentale Ideen der Angewandten Mathematik und ihre Umsetzung im Unterricht. Mannheim.

Jahnke, Th. 1998: Zur Kritik und Bedeutung der Stoffdidaktik. In: Math. Did., Heft 2 (1998), S. 61-74.

Jahnke, Th. 2005: Aufgaben im Mathematikunterricht. Manuskript. Internet (http://www.math.uni-potsdam.de/prof/o_didaktik/a_mita/aa/Publ/mu).

Jung, W. 1962: A.N. Whitehead über den Sinn der Erziehung. In: Neue Sammlung, Heft 2 (1962), S. 247-257.

Jung, W. 1978: Zum Begriff einer mathematischen Bildung. Rückblick auf 15 Jahre Mathematikdidaktik. In: Math. Did., Heft 1 (1978), S. 161-176.

Kaiser, H./ Nöbauer W. 2002: Geschichte der Mathematik. Wien/ München.

Kilka, M. 2003: Zentrale Ideen – Echte Hilfen. In: ml, Heft 119 (2003), S. 4-7.

Klafki, W. 1963a: Kategoriale Bildung. Zur bildungstheoretischen Deutung der modernen Didaktik. In: Klafki, W. 1963: Studien zur Bildungstheorie und Didaktik. Weinheim - Basel, S. 25-45.

Klafki, W. 1963b: Didaktische Analyse als Kern der Unterrichtsvorbereitung. In: Klafki, W. 1963: Studien zur Bildungstheorie und Didaktik. Weinheim - Basel, S. 126-153.

Klieme, E. u.a. 2003: Zur Entwicklung nationaler Bildungsstandards. Eine Expertise. Frankfurt a.M.

KMK 2004: Bildungsstandards im Fach Mathematik für den Mittleren Bildungsabschluss. Beschluss vom 4.12.2003. Neuwied/ Internet (http://www.kmk.org/schul/Bildungsstandards/Argumentationspapier308KMK.pdf).

KMK 2005: Bildungsstandards im Fach Mathematik für den Hauptschulabschluss. Beschluss vom 15.10.2004. Neuwied/ Internet (http://www.kmk.org/schul/Bildungsstandards/Hauptschule_Mathematik_BS_307KMK.pdf).

KMK 2006: Bildungsstandards der Kultusministerkonferenz. Erläuterungen zur Konzeption und Entwicklung. Neuwied/ Internet (http://www.kmk.org/schul/Bildungsstandards/Mathematik_MSA_BS_04-12-2003.pdf).

Knöss, P. 1989: Fundamentale Ideen der Informatik im Mathematikunterricht. Wiesbaden.

Krauter, S. 2005: Erlebnis Elementargeometrie. München.

Krauthausen, G./ Scherer, P. 2001: Einführung in die Mathematikdidaktik. Heidelberg/ Berlin.

Kröpfl, B./ Peschek, W./ Schneider, E. 2000: Stochastik in der Schule: Globale Ideen, lokale Bedeutungen, zentrale Tätigkeiten. In: Math. Did., Heft 2 (2000), S. 25-57.

Krüger, K. 1999: Erziehung zum funktionalen Denken - Zur Begriffsgeschichte eines didaktischen Prinzips. Berlin.

Kütting, H. 1985: Stochastisches Denken in der Schule. In: MU, Heft 4 (1985), S. 87-106.

Lek, A. 1992: Met repen begrepen. Utrecht.

Lengnink, K. 2001: Mathematisches Denken lernen: Reflexionen über das Verhältnis von Alltagsdenken und mathematischem Denken. In: BzMU (2001), S. 384-387.

Lenné, H. 1969: Analyse der Mathematikdidaktik in Deutschland. Stuttgart.

Lind, D. u.a. 2005: Kompetenzstufen in PISA In: JMD, Heft 1 (2005), S. 80-87.

Malle, G. 1993: Didaktische Probleme der elementaren Algebra. Braunschweig.

Malle, G. 1999: Grundvorstellungen zum Differenzen- und Differentialquotienten. In: Österreichische Mathematische Gesellschaft (Hrsg.): Didaktikhefte – Heft 30 (1999), S. 67-78.

Malle, G. 2003: Vorstellungen vom Differenzenquotient fördern. In: ml, Heft 118 (2003), S. 57-62.

Marx, A. 2006: Schülervorstellungen zu „unendlichen Prozessen". Hildesheim.

Mayring, P. 2000: Qualitative Inhaltsanalyse. Grundlagen und Techniken (7. Auflage). Weinheim.

Menck, P. 1986: Unterrichtsinhalt. Oder: Ein Versuch über die Konstruktion der Wirklichkeit im Unterricht. Frankfurt a.M.

Meyerhöfer, W. 2006: Bildungsstandards als Herrschaftsinstrument. In: PM, Heft 8 (2006), S. 38/39.

MSJK-NRW (Hrsg.) 2004: Kernlehrplan für die Realschule in Nordrhein-Westfalen: Mathematik. Frechen.

Neumann, R. 1997: Probleme von Gesamtschülern bei ausgewählten Teilaspekten des Bruchzahlbegriffs – Eine empirische Untersuchung. Lage.

Padberg, F. 1995: Didaktik der Bruchrechnung. Heidelberg u.a.

Padberg, F. 2001: Anschauliche Vorerfahrungen zum Bruchzahlbegriff zu Beginn der Klasse 6. In: BzMU (2001), S. 476- 479.

Padberg, F. 2002: Didaktik der Bruchrechnung Heidelberg u.a.

Padberg, F./ Bienert, T. 2000: Zur Entwicklung des Bruchzahlverständnisses und der Rechenoperationen mit gemeinen Brüchen innerhalb eines Schuljahres. In: MU, Heft 2 (2000), S. 24-37.

PALMA-Gruppe o.J. a: Projekt zur Analyse der Leistungsentwicklung im Mathematikunterricht: Forschungsziele. Internet (http://www.uni-regensburg.de/Fakultaeten/nat_Fak_I/BIQUA/ziel.html).

PALMA-Gruppe o.J. b: Projekt zur Analyse der Leistungsentwicklung im Mathematikunterricht: Ergebnisse qualitativ: Interviewstudie I. Internet (http://www.uni-regensburg.de/Fakultaeten/nat_Fak_I/BIQUA/ergebnisb1.html).

Pehkonen, E. 1994: Mathematische Vorstellungen von Schülern: Der Begriff und einige Forschungsresultate Duisburg (Schriftenreihe des Fachbereichs Mathematik).

Pescheck, W. 2001: Außermathematische Vorstellungen und mathematische Konzepte – eine spannungsgeladene Verwandtschaft In: BzMU (2001), S. 484-487.

Pescheck, W. 2005: Reflexion und Reflexionswissen in R. Fischers Konzept der höheren Allgemeinbildung. In: Lengnink, K./ Siebel, F. (Hrsg.) 2005: Mathematik präsentieren, reflektieren, beurteilen. Darmstadt, S. 55-68.

Peschek, W. 2001: Außermathematische Vorstellungen und mathematische Konzepte – eine spannungsgeladene Verwandtschaft. In: BzMU (2001), S. 484-487.

Polya, G. 1995: Schule des Denkens . Vom Lösen mathematischer Probleme. Bern.

Prediger, S. 2004: Brüche bei den Brüchen – aufgreifen oder umschiffen? In: ml, Heft 123 (2004), S. 10-13.

Rademacher, H./Toeplitz, O. 1968: Von Zahlen und Figuren. Berlin u.a.

Schmidt, G. 1990: Heuristische Strategien im Mathematikunterricht – eine Unterrichtsskizze. In: Glatfeld, M. (Hrsg.) 1990: Finden, Erfinden, Lernen – zum Umgang mit Mathematik unter heuristischem Aspekt. Frankfurt a.M., S. 84-94.

Schreiber, A. 1979: Universelle Ideen im mathematischen Denken - ein Forschungsgegenstand der Fachdidaktik. In: Math. Did., Heft 2 (1979), S. 165-171.

Schreiber, A. 1983: Bemerkungen zur Rolle universeller Ideen im mathematischen Denken. In: Math. Did., Heft 6 (1983), S. 65-76.

Schupp, H. 1984: Optimieren als Leitlinie im Mathematikunterricht. In: Math. Semesterber., Heft 31 (1984), S. 59-76.

Schweiger, F. 1982: Fundamentale Ideen der Analysis und handlungsorientierter Unterricht. In: BzMU (1982), S. 103-111.

Schweiger, F. 1992: Fundamentale Ideen. Eine geistesgeschichtliche Studie zur Mathematikdidaktik. In: JMD, Heft 2/3 (1992), S. 199-214.

Schwill, A. 1993: Fundamentale Ideen der Informatik. In: ZDM, Heft 1 (1993), S. 20-31.

Selter, Ch. 1995: Zur Fiktivität der ‚Stunde Null' im arithmetischen Anfangsunterricht. In: MUP, Heft 2 (1995), S. 11-19.

Siebert, H. 2000: Über die Nutzlosigkeit von Belehrungen und Bekehrungen. Beiträge zur konstruktivistischen Pädagogik (3. Auflage) Soest.

Sill, H.-D. 2006: PISA und die Bildungsstandards. In: Janke, Th./ Meyerhöfer, W. (Hrsg.) 2006: PISA & Co - Kritik eines Programms.Hildesheim, S. 293-330.

Steinbring, H. 1998: Mathematikdidaktik: Die Erforschung theoretischen Wissens in sozialen Kontexten des Lehrens und Lernens. In: ZDM, Heft 5 (1998), S. 161-167.

Stern, E. 2003: Kompetenzerwerb in anspruchsvollen Inhaltsgebieten bei Grundschulkindern. In: Cech, D./ Schwier, H.-J. (Hrsg.) 2003: Lernwege und Aneignungsformen im Sachunterricht. Bad Heilbrunn/ Sonderdruck: Internet (http://www.mpib-berlin.mpg.de/vorlesungen/stern/Kompetenzerwerb.pdf), S. 37-58.

Streefland, L. 1991: Fractions in Realistic Mathematics Education. A Paradigm of Development Research. Dordrecht.

Streefland, L. 1997: Charming fractions or fractions being charmed. In: Nunes, T. /Bryant, P. (Hrsg.) 1997: Learning and teaching mathematics. Hove, S. 347-371.

Tietze, U.-P. 1979: Fundamentale Ideen der Linearen Algebra und Analytischen Geometrie. In: Math. Did., Heft 2 (1979), S. 137-163.

Tietze, U.-P./ Klika, M./ Wolpers, H. 1982: Didaktik des Mathematikunterrichts in der Sekundarstufe II. Braunschweig.

Tietze, U.-P./ Klika, M./ Wolpers, H. 1997: Didaktik des Mathematikunterrichts in der Sekundarstufe II. Band 1: Fachdidaktische Grundfragen/ Didaktik der Analysis (2. Auflage). Braunschweig.

Treffers, A. 1983: Fortschreitende Schematisierung. Ein natürlicher Weg zur schriftlichen Multiplikation und Division im 3. und 4. Schuljahr. In: ml, Heft 1 (1983), S. 16-20.

Vohns, A. 2000: Das Messen als fundamentale Idee im Mathematikunterricht der Sekundarstufe I. Schriftliche Hausarbeit im Rahmen der Ersten Staatsprüfung für das Lehramt für die Sekundarstufe I. Universität Siegen/ Internet (http://www.math.uni-siegen.de/didaktik/downl/ messen.pdf).

Vohns, A. 2002: Das Messen als fundamentale Idee im Mathematikunterricht der Sekundarstufe I. In: Siegener Studien, Band 61 (2002), S. 157-174.

Voigt, J. 1995: Merkmale der interpretativen Unterrichtsforschung zum Fach Mathematik. In: Steiner, H.-G./ Vollrath, H.-J. (Hrsg.) 1995: Neue problem- und praxisbezogene Forschungsansätze. Köln, S. 153-160.

Volkert, K. 1999: Die Lehre vom Flächeninhalt ebener Polygone: einige Schritte in der Mathematisierung eines anschaulichen Konzeptes. In: Math. Semetserber., Heft 1 (1999), S. 1-28.

Vollrath, H.-J. 1978: Rettet die Ideen! In: MNU, Heft 8 (1978), S. 449-455.

Vollrath, H.-J. 1979: Die Bedeutung von Hintergrundtheorien für die Bewertung von Unterrichtssequenzen. In: MU, Heft 5 (1979), S. 77-89.

Vollrath, H.-J. 1989: Funktionales Denken. In: JMD, Heft 1 (1989), S. 3-37.

Vollrath, H.-J. 1994: Algebra in der Sekundarstufe. Mannheim.

Vollrath, H.-J. 1995: Zur Entwicklung von Forschungsparadigmata in der Mathematikdidaktik In: Steiner, H.-G./ Vollrath, H.-J. (Hrsg.) 1995: Neue problem- und praxisbezogene Forschungsansätze. Köln, S. 161-166.

Vollrath, H.-J. 1999: Ein Modell für das langfristige Lernen des Begriffs "Flächeninhalt." In: Henning, H. (Hrsg.) 1999: Mathematik lernen durch Handeln und Erfahrung. Oldenburg, S. 191 -198.

Vollrath, H.-J. 2001: Grundlagen des Mathematikunterrichts in der Sekundarstufe. Heidelberg.

vom Hofe, R. 1992: Grundvorstellungen mathematischer Inhalte als didaktisches Modell. In: JMD, Heft 3/4 (1992), S. 345-364.

vom Hofe, R. 1999: Explorativer Umgang mit Funktionen – Interaktion und Kommunikation in selbstorganisierten Arbeitsphasen. Eine Fallstudie aus dem computergestützten Analysisunterricht. In: JMD, Heft 2/3 (1999), S. 186-221.

vom Hofe, R. 2003: Grundbildung durch Grundvorstellungen. In: ml, Heft 118 (2003), S. 4-8.

vom Hofe, R. 1995a: Grundvorstellungen mathematischer Inhalte. Heidelberg u.a.

vom Hofe, R. 1995b: Vorschläge zur Öffnung normativer Grundvorstellungskonzepte für deskriptive Arbeitsweisen in der Mathematikdidaktik In: Steiner, H.-G./ Vollrath, H.-J. (Hrsg.) 1995: Neue problem- und praxisbezogene Forschungsansätze. Köln, S. 42-50.

vom Hofe, R. 1998a: Computergestützte Lernumgebungen im Analysisunterricht. Fallstudien und Analysen. Augsburg (Habilitationsschrift).

vom Hofe, R. 1998b: Probleme mit dem Grenzwert – genetische Begriffsbildung und geistige Hindernisse. Eine Fallstudie aus dem computergestützten Analysisunterricht. In: JMD, Heft 4 (1998), S. 257-291.

von Hentig, H. 1996: Bildung (2. Auflage). München - Wien.

Wagner, H.-J. 1999: Rekonstruktive Methodologie. Opladen.

Whitehead, A. N. 1962: The Mathematical Curriculum. Vortrag 1913. Dt. Übers. In: Neue Sammlung, Heft 2 (1962), S. 257-266.

Whitehead, A. N. 1967: The Aims of Education. In: Whitehead, Alfred N. 1967: The Aims of Education and other essays. (Reprint d. Originals von 1927). New York, S. 1-14.

Winter, H. 1975: Allgemeine Lernziele für den Mathematikunterricht? In: ZDM, Heft 7 (1975), S. 106-116.

Winter, H. 1983: Zur Problematik des Beweisbedürfnisses. In: JMD, Heft1 (1983), S. 59-95.

Winter, H. 1995: Mathematikunterricht und Allgemeinbildung. In: GDM Mitteilungen, Heft 61 (1995), S. 37-46.

Winter, H. o.J.: Mehr Sinnstiftung, mehr Einsicht, mehr Leistungsfähigkeit im Mathematikunterricht, dargestellt am Beispiel der Bruchrechnung. Internet (http://www.sinus-transfer-hamburg.de/Publikationen/bruchrechnung.pdf).

Wittenberg, A. I. 1990: Bildung und Mathematik. 2. Auflage. Stuttgart.

Wittenberg, A. I. (Übers.) 1962: Über den mathematischen Unterricht der höheren Schule. In: MNU, Heft 5 (1962/63), S. 224-227.

Wittmann, E. Ch. 1981: Grundfragen des Mathematikunterrichts (6. Auflage). Wiesbaden.

Wittmann, E. Ch. 1985: Objekte – Operationen – Wirkungen: Das operative Prinzip in der Mathematikdidaktik. In: ml, Heft 11 (1985), S. 7-11.

Wittmann, E. Ch. 1999: Konstruktion eines Geometriecurriculums ausgehend von Grundideen der Elementargeometrie In: Henning, H. (Hrsg.) 1999: Mathematik lernen durch Handeln und Erfahrung. Oldenburg, S. 205 - 266.

Wittmann, E. Ch. 2001: Drawing on the Richness of Elementary Mathematics in Designing Substantial Learning Environments. Report of the PME 25 Research Forum "Designing, Researching and Implementing Mathematical Learning Environments" Internet (http://www.mathematik.uni-dortmund.de/didaktik/mathe2000/pdf/rf4-2wittmann.pdf).

Wittmann, E. Ch. 2005: Eine Leitlinie für die Unterrichtsentwicklung vom Fach aus: (Elementar-)Mathematik als Wissenschaft von Mustern. Internet (http://www.dkss.nl/vakdidactiek/serendipity/uploads/WittmannLeitlinie-Muster.MU_Endf.pdf).

Zimbardo, P.G. 1992: Psychologie (5. Auflage). Berlin u.a.

Zimmermann, E. 1991: Offene Probleme für den Mathematikunterricht und ein Ausblick auf Forschungsfragen. In: ZDM, Heft 2 (1991), S. 38-46.